CAE活用のための不確かさの定量化

ガウス過程回帰と実験計画法を用いたサロゲートモデリング

著者：豊則 有擴

近代科学社Digital

まえがき

本書執筆の背景

ある日の某会社でのＡ氏（生産技術担当）とＢ氏（開発設計担当）との会話です。

Ａ氏「Ｂさんの設計した新製品の件でご相談です。実は出荷検査で５％もの不適合が発生しています。」

Ｂ氏「何度もシミュレーションで確認したので信じられない。検査方法に問題があるのでは？」

Ａ氏「検査に使用している測定器は定期的に校正しているので問題ないのですが？」

Ｂ氏「・・・」

モノ作りの現場では，程度の差があるにしてもこのような意見の対立が起こっているのではないでしょうか？ また，このような問題に対処するにはどのような解決方法があるのでしょうか？ Ａ氏とＢ氏の個人レベルではなく，製品開発に携わる組織としてどのようなマネージメントや意思決定を行えばいいのでしょうか？

製品ライフサイクルに潜む不確かさ

上記の問題に対する解決アプローチが本書のテーマである**不確かさの定量化** (uncertainty quantification, UQ) です。不確かさの発生要因は製品のライフサイクルの上流から下流まですべてのプロセスに存在します。一例として，製品を構成する部品の寸法公差，製品の品質を保証する性能指標である精度や確度などは代表的な不確かさです。不確かさは確率モデルとして表現することができるのですが，どのようにしてモデル化すればいいのでしょう。

本書では，不確かさのモデル化に必要な「機械学習」，「ガウス過程回帰」や「実験計画法」について数学的な背景を紹介した後，不確かさの定量化を支援する商用ソリューション SmartUQ を紹介します。

読者各位が抱える問題の解決とモノ作りプロセスの効率化や健全化に本書が少しでも貢献できれば幸いです。

Python スクリプト

本書の第 2 章から第 8 章で紹介する図表については，無料のオープンソースディストリビューションである Anaconda[14] を利用して筆者が Python 言語で記述したプログラムで作成したものです。Anaconda には，Python 言語処理系，ライブラリ（NumPy，Matplotlib など），そして統合開発環境 (IDE) として Spyder や Jupyter Notebook などがバンドルされています。Spyder で開発されたスクリプトは拡張子が「*.py」，Jupyter Notebook で開発されたスクリプトは拡張子が「*.ipynb」となります。後者で作成したスクリプトでは，widgets を使用することでインタラクティブな GUI を作成したり，3 次元プロットをドラッグしながら回転させることができます。

これらのスクリプトは，下記の近代科学社のサーバーから zip ファイル形式でダウンロードできます。

https://www.kindaikagaku.co.jp/support/detail/?id=142

zip ファイルを解凍すると，図番号とスクリプトのファイル名の対応を記述した Excel ファイル 'index.xlsx' と各章のスクリプトを格納したフォルダ群を展開することができます。読者各位の PC 環境で実行していただくことで，本書の理解の一助となれば幸いです。

なお，筆者が動作確認した環境は，以下のとおりです。

- Operating System: Windows11 Pro（メモリ 64 GB）
- Anaconda: version 24.7.1 (Anaconda3 - 2024.06 - 1)
- Python: version 3.12.4
- Spyder: version 5.5.1
- Jupyter Notebook version 7.0.8
- ipywidgets version 7.8.1
- GPy: version 1.13.2
- pyDOE3 version 1.0.4

2024 年 9 月

豊則有擴

目次

まえがき 3

第1章　実験とシミュレーションの役割

1.1　実験とシミュレーションの位置付け 12
1.2　演繹的アプローチと帰納的アプローチ 14
1.3　サロゲートモデル 15
1.4　現実空間の知見・データの活用 17
1.5　記号と記法 18

第2章　機械学習

2.1　機械学習とは 22
2.2　機械学習の具体例 23
2.3　機械学習の分類 25
2.4　多項式による曲線フィッティング 26
2.5　汎化性能と交差検証 29
コラム：特徴抽出 34

第3章　不確かさと確率分布

3.1　不確かさとは 36
3.2　誤差 37
3.3　ばらつきとかたより 37
3.4　測定値の分布 38
3.5　確率分布 39
3.5.1　頻度主義的確率分布 39
3.5.2　ベイズの定理 41
3.5.3　連続型確率変数と確率密度関数 42
3.5.4　期待値と分散 42
3.6　正規分布 44
3.7　多変量正規分布 46
3.8　再訪：最小二乗法 48
3.8.1　問題設定 48

3.8.2　最尤推定 …… 49
3.8.3　最大事後確率推定 …… 50
3.8.4　頻度主義的確率とベイズ確率の比較 …… 52
3.9　まとめ …… 55
コラム：中心極限定理 …… 56

第4章　線形回帰モデル

4.1　単回帰・重回帰 …… 58
4.2　線形回帰 …… 58
4.2.1　定義 …… 58
4.2.2　正規方程式 …… 59
4.2.3　重みベクトルの予測分布 …… 61
4.2.4　テスト入力に対する出力の予測分布 …… 62
4.2.5　線形回帰のまとめ …… 64
4.3　線形回帰の簡単な例 …… 66
4.4　線形回帰モデルの課題 …… 68
コラム：単語と特徴ベクトル …… 70

第5章　ガウス過程からガウス過程回帰へ

5.1　ベイズ推定の双対表現 …… 72
5.1.1　問題設定 …… 72
5.1.2　予測分布の平均 …… 72
5.1.3　予測分布の分散 …… 73
5.1.4　内積表現 …… 73
5.1.5　カーネル関数の簡単な例と公式 …… 74
5.1.6　予測分布の双対関係 …… 76
5.2　ガウス過程 …… 77
5.2.1　ガウス過程の定義 …… 77
5.2.2　ガウス過程の性質 …… 77
5.2.3　ガウス過程の例 …… 78
5.2.4　関数発生器としてのガウス過程 …… 79
5.2.5　様々なカーネル関数 …… 82

5.3　ガウス過程回帰の導出 86
5.3.1　導出のシナリオ 86
5.3.2　予測分布導出の前提条件 86
5.3.3　教師データとテストデータの同時分布 87
5.3.4　予測分布の事前分布と事後分布 90
5.3.5　カーネル関数と潜在関数 92
5.4　ガウス過程回帰の課題 92
コラム：ガウス過程回帰とニューラルネットワーク 94

第6章　ハイパーパラメータの学習

6.1　ハイパーパラメータの特性 96
6.2　最尤推定のナイーブなアプローチ 99
6.3　ハイパーパラメータの最適化 103
6.4　MCMC 法 104
6.4.1　マルコフ連鎖 104
6.4.2　MCMC のアルゴリズム 104
6.5　勾配を利用した様々な最適化問題 107
6.5.1　勾配の導出 107
6.5.2　最適化問題の定義 108
6.5.3　勾配とヘッセ行列 110
6.5.4　凸関数と凸集合 110
6.6　制約なし問題 111
6.6.1　制約なし問題の最適性条件 111
6.6.2　最急降下法 113
6.6.3　共役勾配法 114
6.6.4　準ニュートン法 116
6.6.5　BFGS 法 117
6.7　制約付き問題 119
6.7.1　制約なし問題との違い 119
6.7.2　制約付き問題の定義 120
6.7.3　制約付き問題の最適性条件 121
6.8　制約付き問題の具体例 122
コラム：勾配法による最適化 124

第7章　ガウス過程の計算パッケージ

7.1　利用可能なガウス過程の計算パッケージ 126
7.2　ガウス過程回帰モデルのハイパーパラメータの最適化問題 126
7.3　GPML 127
7.3.1　GPML の構造 127
7.3.2　教師データとテスト入力の定義 128
7.3.3　ガウス過程モデルの定義 128
7.3.4　gp 関数 129
7.3.5　mizimize 関数 129
7.3.6　回帰モデルの可視化 130
7.3.7　GPML のその他の利用方法 130
7.4　GPy 131
7.4.1　GPy の統合開発環境と構造 131
7.4.2　ガウス過程回帰モデルのハイパーパラメータの最適化 132
7.4.3　GPy の特徴 134
7.5　GPy の様々な使用例 135
7.5.1　予測メソッド 135
7.5.2　カーネル関数の比較 136
7.5.3　勾配法の比較 138
7.5.4　MCMC 法の使用例 138
7.6　GPy による実装例：男子 100 m 走世界記録 139
7.7　まとめ 147
コラム：教師データの正規化と標準化 148

第8章　実験計画法とV&Vプロセス

8.1　実験計画法とは 150
8.2　直交表 150
8.3　ラテン超方格サンプリング 151
8.4　ガウス過程回帰とサロゲートモデル 154
8.4.1　Branin 関数 154
8.4.2　実験計画法と Branin 関数を利用した仮想実験 155
8.5　考察：誤差の伝搬 160
8.6　現実の問題：実験とシミュレーション 161

8.7　品質保証活動と V&V プロセス 163
8.8　実験結果とシミュレーション結果との妥当性確認 165
コラム：様々な V&V プロセスに関する標準規格 170

第9章　不確かさの定量化のための統合化ソリューション

9.1　SmartUQ とは 172
9.2　鉄製ブラケットの軽量化と疲労強度 173
9.2.1　問題設定 173
9.2.2　設計目標 174
9.2.3　逐次型 DOE によるエミュレータの構築 175
9.2.4　エミュレータの汎化性能 176
9.2.5　疲労寿命の劣化要因と対応策 177
9.2.6　適応型 DOE による応力集中モードの精査 179
9.2.7　設計空間の見直しと最適設計 180
9.2.8　感度解析 182
9.2.9　不確かさの伝搬 183
9.2.10　設計目標達成の可否判断 184
9.3　NACA 翼型：航空機の翼の形状の最適化 185
9.3.1　飛行中の航空機に働く力 185
9.3.2　NACA 翼型 187
9.3.3　翼型のエミュレータの構築 187
9.3.4　NACA 翼型のエミュレータと実験データの比較 191
9.3.5　不一致モデルの構築と校正 193
9.4　おわりに 197

付録A　ベクトルと行列に関する公式

A.1　行列の積，転置，トレース 200
A.2　逆行列 201
A.3　微分 202
A.4　行列式 205
A.5　固有値，固有ベクトル 209
A.6　実対称行列の定値性 217

付録B　正規分布と多変量正規分布に関する公式

B.1　正規分布 …… 220
B.1.1　定義域 …… 220
B.1.2　線形性 …… 220
B.1.3　再生性 …… 221
B.2　多変量正規分布 …… 221
B.2.1　共分散行列 …… 222
B.2.2　再生性 …… 222
B.2.3　周辺分布 …… 225
B.2.4　条件付き分布 …… 225

付録C　非線形計画に関する公式

C.1　ベクトル微分演算子 …… 230
C.2　凸関数と凸集合 …… 231

あとがき …… 235
参考文献 …… 236
索引 …… 238

第1章

実験と
シミュレーションの役割

モノ作りのプロセスでは，ユーザ要求を満たす製品を適切なタイミングで提供することが求められます。製品のプロトタイプ評価に替わって，シミュレーションを活用することで製品開発の効率が向上するようになってきました。しかし，製品の品質を保証するための実験の重要性がなくなったわけではありません。

本章では，このような近年のモノ作り環境における実験とシミュレーションの役割について紹介します。

1.1　実験とシミュレーションの位置付け

そもそも「実験」とは何なのでしょうか？ 参考文献 [5] では，「実験とは，ある条件を人為的に作り出し，その結果を観察あるいは測定すること」と紹介されています。実験の目的には，理論的予想を検証する，あるいは新しい物理法則を見つけ出すための科学的実験と工学的実験があります。モノ作りの現場では，工学的実験で検証した結果を利用し，新しい技術の創出，製品開発や，生産プロセスを改善することなどが実験の目的になります。

実験を実施する方法には，実際に測定を行い測定値によって解析を行う実物実験と，現象をモデル化して解析を行う模擬実験，いわゆるシミュレーションがあります。

コンピュータシミュレーションは，確定的モデリングと確率的モデリングに分類することができます。物理現象を偏微分方程式などでモデリングし，コンピュータ上の数値解法プログラムによって解析する物理シミュレーションの多くは確定的モデリングです。

ムーアの法則[*1)]に従い，集積回路に実装されているトランジスタ数は，これまで「2 年ごとに 2 倍」と増加を続け，コンピューティングパワーも増大を続けてきました。このコンピューティングパワーの増大が製品開発のプロセスにも大きな変革をもたらしてきました。製品の試作モデルを繰り返し実物実験する代わりに，コンピュータパワーを活用した**シミュレーション** (computer aided engineering, CAE) が多くの分野で行われるようになりました。その結果，実験の役割も変化すると同時に，シミュレーションでは得ることのできない知見を得ることが実験の重要な役割と考えられるようになっています。

*1)　1965 年にインテル社の創業者の一人であるムーアが「大規模 LSI の集積率は毎年 2 倍になる」と予測した経験則。

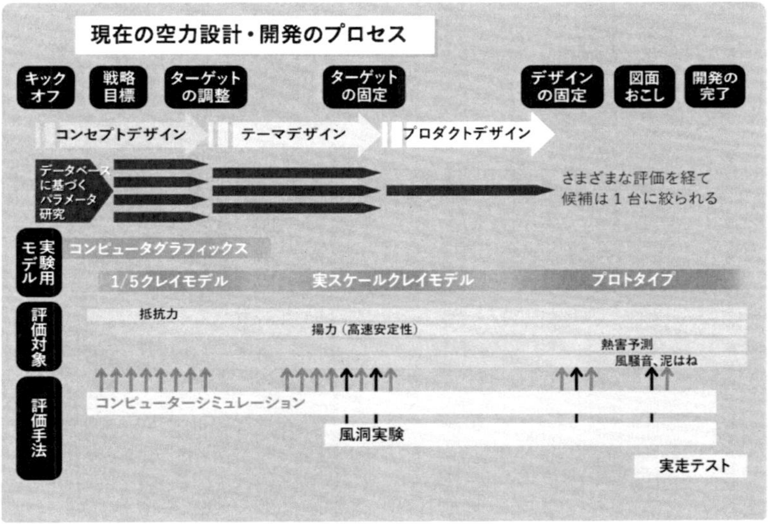

図 1.1 実験とシミュレーションの具体例 [21]

代表的な例として，車の開発における実験とシミュレーションの役割を図 1.1 に示します。車の走行中には，転がり抵抗，空気抵抗，勾配抵抗，加速抵抗という抵抗力を受けます。これらの抵抗力を適切にコントロールすることが，燃費や走行の安定性などの性能向上の大きなポイントになります。そこで過去から使われてきたのが風洞実験です。

風洞実験では，粘土を削りだして作ったクレイモデルやプロトタイプに，巨大な送風機で風を当て，抵抗力を測定したり空気の流れを可視化したりします。しかし，モデルをつくって実験を繰り返すのは膨大な費用や時間がかかるため，これらの実験が空力シミュレーションに置き換えられるようになりました。

空力シミュレーションとは，車体の周りの空間をメッシュ（格子）に分割し，各メッシュにおける空気の運動を NavierStokes 方程式*2)などのモデルに基づいて計算する手法です。図 1.1 に示すように，多くの性能評価

*2) 3 次元空間における流体の質量と運動量の保存則を表す非線形偏微分方程式。

作業がシミュレーションに置き換えられましたが，プロトタイプによる風洞実験が皆無にはなっていません。最終的な確認実験が必要な理由として，以下の理由を挙げることができます。

- 運動方程式が非線形偏微分方程式であるため解析的な解を得るのが困難であり，パラメータに制約条件を設けるなどの近似が必要となる。
- 生成したメッシュから生じる空間分解能の限界があり，微細な渦の状況などを確認することが難しい。
- 正確な解析結果を得るために，時には数日に及ぶシミュレーションが必要となるトレードオフに直面することもある。

スーパーコンピュータの出現で大規模かつ複雑なシミュレーションが可能になりましたが，処理速度やメモリ容量は有限であることから，これらの問題を克服するには，これからも様々な工夫が必要になってくると思われます。

1.2　演繹的アプローチと帰納的アプローチ

前節の例のように，物理モデルを表す方程式から解析的な解を求めることができないとき，数値計算によって物理現象を可視化することがシミュレーションであると考えることができます。すなわち，人が与えたモデルから出力として数値解を求める演繹的アプローチがシミュレーションです。それでは，演繹的とは逆の帰納的アプローチの例としてどのようなものがあるのでしょうか？

近年脚光を浴びているデジタルツイン（デジタルの双子）の仕組みを図 1.2 に示します。リアルな現実空間の情報をセンサーなどでリアルタイムに収集します。バーチャルな仮想空間では，

1. 収集したビッグデータを分析し，モデルを構築します。
2. 構築されたモデルから現実世界へのフィードバック情報を生成します。

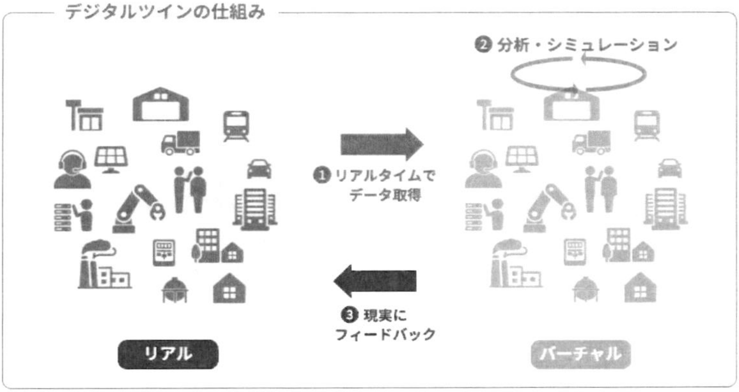

図 1.2 デジタルツインの仕組み [22]

バーチャル空間においてデータからモデルを構築するアプローチは帰納的です。演繹的アプローチにおけるモデルが物理法則である方程式であることとは異なり，ルールや推論エンジンが機能的アプローチにおけるモデルと考えることができます。

次章で紹介する人工知能や機械学習は，代表的な帰納的アプローチです。

1.3 サロゲートモデル

サロゲートモデル[*3](surrogate model) は，前述のトレードオフを解消する帰納的アプローチです。サロゲートモデルは図 1.3 に示すように，シミュレーション結果である少数の入力・出力データ（× 印）を学習し，実線で示される平均と，網掛けで示される不確かさを密に予測することができるモデルです。

また，図 1.4 の例のように複雑な現象のモデルが構築できれば，シミュレーションの計算速度を 100〜1000 倍も高速化できる場合があります。

*3) 代理モデル，エミュレータともいいます。

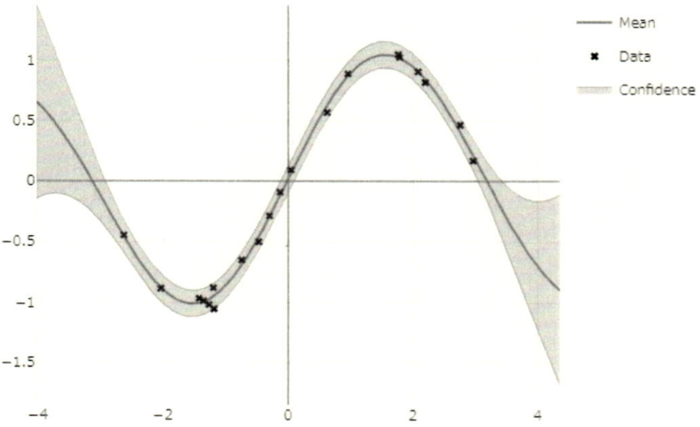

図 1.3　サロゲートモデルによる予測の例 [15]

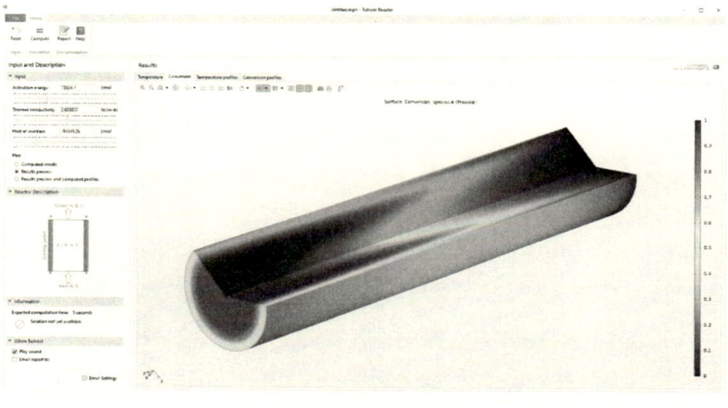

図 1.4　サロゲートモデルの例：管状リアクター [23]

1.4 現実空間の知見・データの活用

演繹的アプローチであるシミュレーションは，製品開発のコストや時間を大幅に削減することに貢献しました。一方で，解析結果に基づいて設計したプロトタイプや製品について，

- 設計目標が必ずしも達成できない
- 生産ラインにおける工程能力の予測
- ユーザの使用環境における不具合情報

などの品質指標を演繹的アプローチだけで解析するのは困難です。現実空間で収集できるこれらのデータや情報を仮想空間で帰納的アプローチである機械学習の手法で解析し，品質向上に資することはできないのでしょうか？

これらの命題のソリューションとして注目されていると共に，サロゲートモデルから得られる不確かさの導出に重要な役割を果たすのが確率モデルであるガウス過程回帰です。不確かさについては第 3 章で紹介します。

本書では，ガウス過程回帰をメインテーマとして，

- 数学的な背景
- 利用可能なソフトウェアライブラリ
- 実験計画法
- 統合化ソリューション

を紹介します。

1.5　記号と記法

本書では，以下の記号と記法を原則とします。

- ベクトルは太字で表し，列ベクトルとします。
- 行列は立体の大文字で表します。
- 行列 A の (i, j) 成分を $\mathrm{A}_{ij} = a_{ij}$ と表します。
- ベクトル，行列の成分は実数とします（付録 A では複素ベクトル，複素行列に拡張します）。

記　号	意　味
$\lvert\mathrm{A}\rvert$	正方行列 A の行列式
$\lvert z\rvert$	複素数 z の絶対値
$\overline{z}$	複素数 z の共役複素数
$\lVert\mathbf{y}\rVert$	ベクトル $\mathbf{y}$ のノルム（ユークリッド距離）
$\mathbf{y}^\top$ または $\mathrm{X}^\top$	ベクトル $\mathbf{y}$ または行列 X の転置
$\mathbf{y}^\dagger$ または $\mathrm{X}^\dagger$	ベクトル $\mathbf{y}$ または行列 X の共役転置
A^{-1}	正方行列 A の逆行列
$\langle\mathbf{x}, \mathbf{y}\rangle$	ベクトル $\mathbf{x}$ と $\mathbf{y}$ の内積
$\propto$	比例
$\sim$	左辺の確率変数が右辺の確率分布に従う
$\mathbf{0}$ または $\mathbf{0}_n$	（長さ n）のゼロベクトル
$\mathbf{1}$ または $\mathbf{1}_n$	（長さ n）の単位ベクトル
D	入力空間 $\mathcal{X}$ の次元
$\mathcal{D}$	観測値（教師データ）集合
δ_{ij} または $\delta(\mathbf{x}, \mathbf{x}')$	クロネッカーのデルタ
$\mathrm{diag}(\mathbf{v})$	ベクトル $\mathbf{v}$ を対角成分とする対角行列
$\exp(x)$ または e^x	指数関数
$\mathbb{E}[X]$	確率変数 X の期待値
f	ガウス過程の潜在関数

（次ページに続く）

（前ページから続く）

記　号	意　味
f_*	$\mathbf{x}_*$ に対する出力
H	エルミート行列
I または I_n	$(n \times n)$ 単位行列
$k(\mathbf{x}, \mathbf{x}')$	$\mathbf{x}$ と $\mathbf{x}'$ で定義されるカーネル関数
K	カーネル行列　$\mathrm{K}_{ij} = k(\mathbf{x}_i, \mathbf{x}_j)$
ℓ	特性長スケール
$\log(x)$	自然対数
Λ	精度行列
$\mathcal{L}$	対数尤度
n	教師データの要素数
n_*	テストデータの要素数
N	基底関数 $\phi(\mathbf{x})$ の数，特徴空間の次元は $(N+1)$
$\mathcal{N}(\mu, \sigma^2)$	平均 μ，分散 σ^2 の正規分布
$\mathcal{N}(\boldsymbol{\mu}, \Sigma)$	平均ベクトル $\boldsymbol{\mu}$，共分散行列 Σ の多変量正規分布
$p\,(x\,,\,y)$	確率変数 x と y の同時確率分布
$p\,(x\,\vert\,y)$	確率変数 y が与えられたときの確率変数 x の条件付き確率分布
P	直交行列
$\phi(\mathbf{x})$	入力 $\mathbf{x}$ から特徴空間への写像　（基底関数）
$\boldsymbol{\phi}(\mathbf{x})$	特徴ベクトル $(1, \phi_1(\mathbf{x}), \ldots, \phi_N(\mathbf{x}))^\top$
Φ	線形回帰モデルの計画行列
$\mathbb{R}$	実数の集合
σ_f^2	ノイズのない信号の分散
σ_n^2	ノイズの分散
Σ	共分散行列
Σ_p	重みベクトルの事前分布の共分散行列
θ	ハイパーパラメータ
$\boldsymbol{\vartheta}$	ハイパーパラメータから構成されるベクトル

（次ページに続く）

（前ページから続く）

記　号	意　味
$\mathrm{Tr}\,(\mathrm{A})$	正方行列 A のトレース （対角成分の和）
U	ユニタリ行列
$\mathbf{w}$	パラメータ空間における重みベクトル
$\mathbf{x}$	入力
$\mathbf{x}^*$ または $\mathbf{x}_*$	テスト入力
X	重回帰モデルの計画行列
$\mathcal{X}$	入力空間
y	出力
$\hat{y}$	y の回帰値
y^* または y_*	$\mathbf{x}^*$ または $\mathbf{x}_*$ に対する出力

第2章

機械学習

本章では，機械学習の概念からスタートし，2つの具体例，続いて広義と狭義の機械学習の分類について紹介します。

そして多項式による曲線フィッティングを例として，学習によって構築されたモデルの汎化性能を評価するための手法である交差検証を紹介します。

2.1　機械学習とは

機械と学習を合成した用語である**機械学習** (machine learning, ML) とはどのような技術なのでしょうか？ また，近年話題になっている**人工知能** (artificial inteligence, AI) と機械学習とはどのように関連性があるのでしょうか？ 以下に，厳密ではありませんが定性的に機械学習の概念を紹介します。

まず，「機械」とは「入力が与えられたとき，あるモデル（法則）に従う結果を出力する人工的なシステム」と定義します。すなわち，モデルを人工的に作り出された関数と考えることができます。また，「学習」とは「入出力関係を表す大量のデータを分析して，モデルとして適切な関数を推定すること」と考えることができます。この 2 つのキーワードが融合した機械学習の概念を図 2.1 に示します。

モデル化した機械の関数を $f(\cdot)$ とすると，入力 x に対応する出力 y は，$f(x)$ で与えられます。学習用のデータセットが与えられたとき，機械として最も相応しい関数 $f(\cdot)$ を見つけ出すことが機械学習ということです。

学習に使用するデータセットを**教師データ**，あるいは**訓練データ** (training data) といいます。

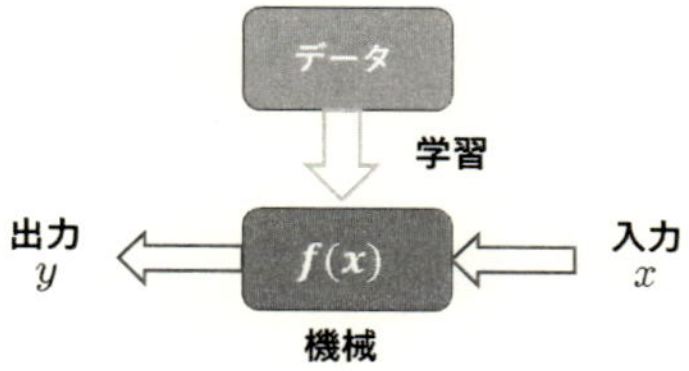

図 2.1　機械学習の概念

ちなみに，AI は文字どおり人工的に作られた知能を実現する技術であり，機械学習は AI の一領域と位置付けることができます。

2.2 機械学習の具体例

機械学習の具体例として，実験データの整理でなじみ深い最小二乗法と画像の自動認識の例を紹介します。

シンプルな例

機械学習のシンプルな例が，実験データの解析の際に広く用いられている**最小二乗法** (least squres method) です。

例として，実験で得られた 5 組のデータを学習した結果を図 2.2 に示します。教師データセット $\{\,(x_i, y_i)\,|\,i = 1, 2, \ldots, 5\,\}$ を $\times$ 印，モデルを 1 次式 $f(x) = ax + b$ としたときの学習結果を直線で示しています。ここで以下のことに留意してください。

- 教師データに含まれない任意の入力 x に対する出力 $\hat{y} = ax + b$ が得られています。
- $\hat{y}$ は連続値であり，**回帰値** (regression value) といいます。
- 教師データの入力 x_i における回帰値 $ax_i + b$ と y_i との間にはわずかな誤差が発生しています。

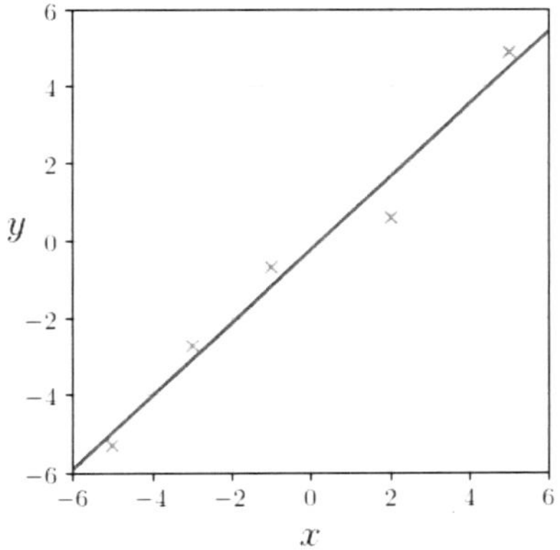

図 2.2 最小二乗法の例

最小二乗法の詳細については，3.8 節で紹介します。

複雑な例

図 2.3 にアメリカで手書き郵便番号を自動認識するために作成された「0」〜「9」の画像データセットを示します。1 つの画像データは，256 レベルのグレースケール，28×28 ピクセルで構成されています。学習に使用されたデータセットは 6 万セットです。

図 2.3　アメリカ郵便番号の自動認識のために用意されたデータセット [24]

この例では，任意の画像データが与えられたときのモデルの出力は 0〜9 の離散値であり，このような学習を分類モデルといいます。

さらに，学習用のデータに加え，学習した自動認識システムの認識率がどの程度であるかを検証するためのデータが 1 万セット用意されていました。性能検証の概念を図 2.4 に示します。

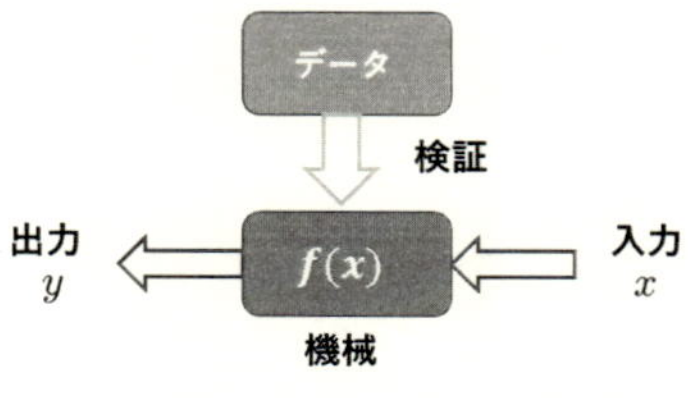

図 2.4　学習した機械の性能検証の概念

2.3　機械学習の分類

前述のように，広義の機械学習は人工知能の一領域と位置付けることができます。図 2.5 に示すように，教師データに内在する特徴の抽出を人手で行うのが狭義の機械学習であり，特徴抽出を自動的に行うのが近年脚光を浴びている**深層学習** (deap learning, DL) です。

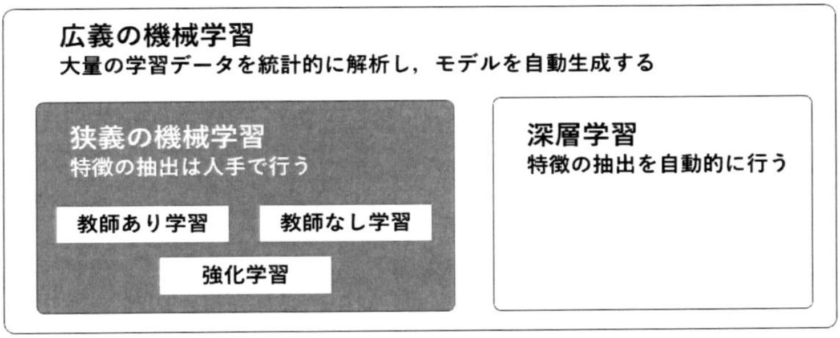

図 2.5　広義の機械学習の分類

狭義の機械学習には，「教師あり学習」「教師なし学習」「強化学習」という 3 つの学習方法があります。ここからは，教師データを構成する入力を**説明変数** (explanatory variable)，出力を**目的変数** (object variable) と呼ぶことにします。

- **教師あり学習** (supervised learning) とは，教師データが説明変数とそれに対応する目的変数から構成される学習手法で，目的変数が連続値の場合を回帰，離散値の場合を分類といいます。
- **教師なし学習** (unsupervised learning) とは，教師データが説明変数のみで対応する目的変数が存在しない学習手法で，類似するデータのグループを探索するクラスタリングや，視覚化のために高次元のデータを低次元空間に射影する次元削減や主成分分析などが代表的な手法です。
- **強化学習** (reinforcement learning) とは，与えられたデータを手掛かりとして試行錯誤しながらデータの価値（報酬）を最大化する学習手法です*1)。

本書では，教師あり学習によって回帰モデルを扱うことがメインテーマになります。

2.4　多項式による曲線フィッティング

2.2 節では，5 組の教師データセットから 1 次式で表されるモデルを想定した回帰問題を紹介しました。ここでは，もう少し複雑なモデルである多項式による曲線フィッティング問題について考察することにします。

例として，図 2.6 は，10 組の説明変数と目的変数で構成された 1 次元教師データセット $\{(x_i, y_i) \mid i = 1, 2, \ldots, 10\}$ を示しています。

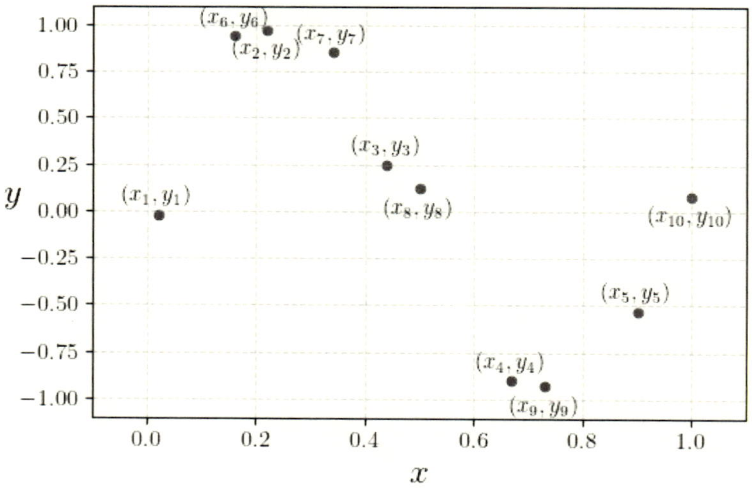

図 2.6　教師データセット

*1)　詳細については，参考文献 [4] を参考にしてください。

回帰モデルとして説明変数の M 次多項式

$$f(x, \mathbf{w}) = \sum_{j=0}^{M} w_j x^j \tag{2.1}$$

を想定することとします。ここで $\mathbf{w}$ は，多項式の係数から構成されるベクトル

$$\mathbf{w} = (w_0, w_1, \ldots, w_M)^{\mathsf{T}} \tag{2.2}$$

で，重みパラメータと呼ぶことがあります。

M 次多項式は，説明変数の非線形な関数ですが，重みパラメータの線形結合となっていることに留意してください。

3 次多項式によるフィッティング

3 次多項式で曲線フィッティングした結果が図 2.7 です。正弦波状に見える曲線が 3 次多項式による回帰曲線です。

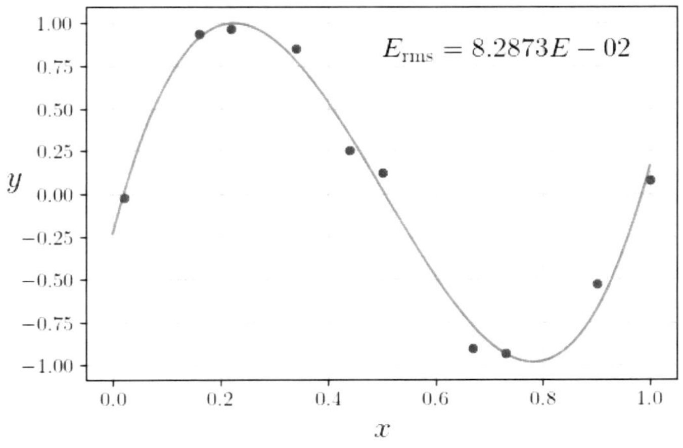

図 2.7　3 次多項式によるフィッティング

ここで E_{rms} は，データセットの点数を n とするとき，次式で定義される**平均二乗平方根誤差（rms 誤差）**(root-mean-square error, rms error)

です。

$$E_{\rm rms} \equiv \sqrt{\frac{1}{n}\sum_{i=1}^{n}(y_i - f(x_i, \mathbf{w}))^2} \tag{2.3}$$

定義から rms 誤差は,

- 非負の値となる。
- 目的変数が物理量の場合，その次元と同じ次元をもつ。
- 平均化されているので，データセットのサイズに依存しない。

といった特性をもつことから，フィッティングの正確さを表す評価指標として適切な指標となります。後ほど紹介する最小二乗法は，rms 誤差を最小化する手法と等価であることが分かります。

9 次多項式によるフィッティング

次に，9 次多項式でフィッティングした結果を図 2.8 に示します。$E_{\rm rms}$ は 10^{-14} のオーダーと非常に小さくなっていますが，極端に振動的な回帰曲線になっていることが分かります。

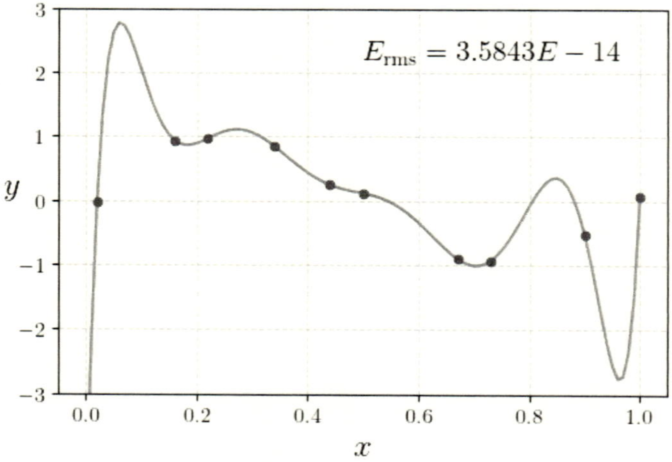

図 2.8　9 次多項式によるフィッティング

このような学習結果を**過学習** (over-fitting) といいます。

先程述べた rms 誤差の特性からすれば，rms 誤差がほぼ 0 にも関わらず，正確な（あるいは望ましい）フィッティングが得られないというパラドックスが発生しています。過学習が発生するメカニズムと対策については 3.8.3 項で詳しく解説することにします。

この例では，教師データは図 2.9 の実線で示す曲線 $y = \sin(2\pi x)$ にノイズが重畳したデータでした。教師データに内在する関数が適切にモデル化できているかを評価するにはどのような対応をすればいいのでしょうか？

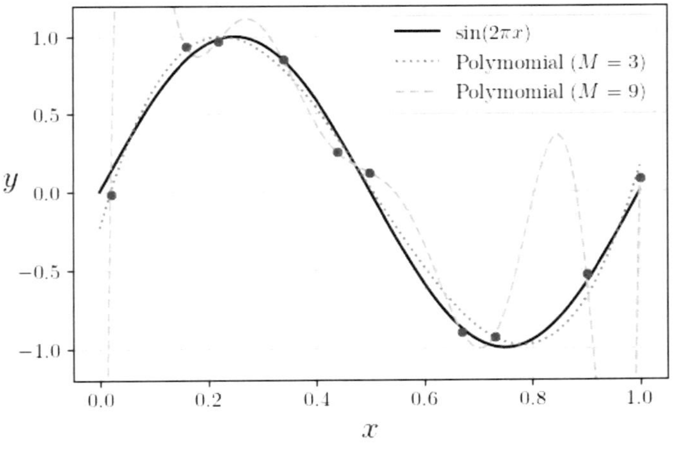

図 2.9 フィッティング結果の比較

2.5 汎化性能と交差検証

前節で示したパラドックスを解消する方法が，学習に使用したデータセットとは異なる（独立な）検証データセットによってモデルの**汎化性能** (generalization performance) を評価する**交差検証** (cross validation,

CV) と呼ばれる手法です[*2)]。

図 2.10 に示すように，● 印の教師データとは異なる ○ 印で示す**検証データ** (test data) を用意します。検証データを学習結果である 0〜9 次の多項式モデルに与えて rms 誤差を評価し，その結果を図 2.11 に示します。

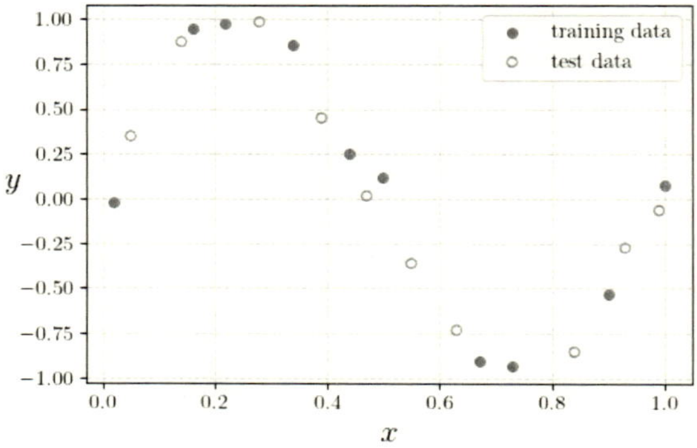

図 2.10　教師データと検証データ

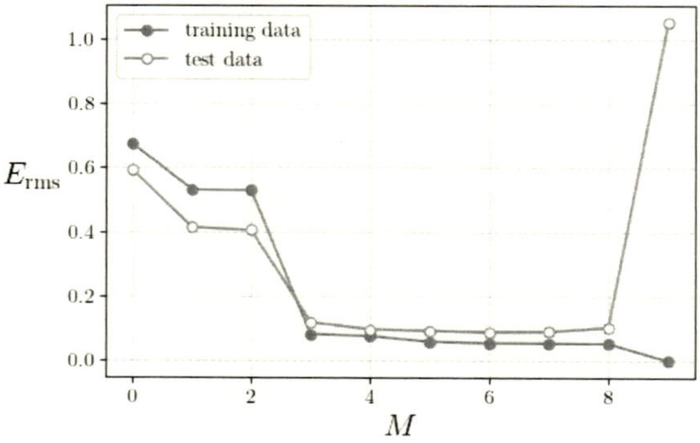

図 2.11　検証データによる汎化性能の評価

*2)　検証は本来 verification の訳で，validation は妥当性確認と訳します。ちなみに，参考文献 [4] では交差確認と訳しています。

この結果から，以下のことが示唆されます。

- $0 \leq M \leq 2$ では，両者の rms 誤差は大きく，モデルとして相応しくない。
- $3 \leq M \leq 8$ では，両者の rms 誤差は同程度であり，モデルとして相応しい。
- $M = 9$ 検証データセットによる rms 誤差が非常に大きく，過学習が発生している。

M が大きいほどモデルとしては複雑であり，$M = 5$ の多項式が最適なモデルと見なすことができます。

より一般的な検証データセットを構成する方法には，以下に説明する方法があります。

k 分割交差検証 (k- fold cross validation, k- fold CV)

学習に使用できるデータセットを k 個のブロックに分割し，あるブロックのデータを検証データセット，残りの $(k-1)$ ブロックのデータを教師データとしてモデルを構築後に交差検証を行い，k 個の rms 誤差の平均を求める方法です。図 2.12 のハッチングされたブロックが検証データセットになります。

この検証方法は，データセット点数が十分に大きい場合に適切な手法です。データセット点数が少ないときには，次に紹介する 1 個抜き交差検証が適しています。

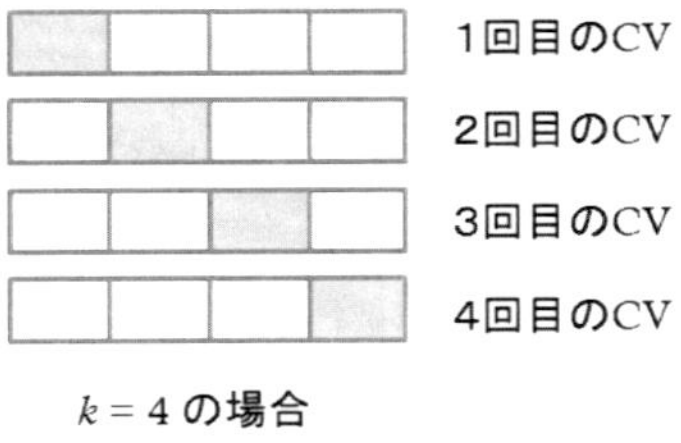

図 2.12　k 分割交差検証

1 個抜き交差検証 (leave-one-out cross validation, LOO-CV)

学習に使用できるデータセットの点数を n としたとき，$k = n$ とした n 分割交差検証に相当し，Leave-One-Out 法とも呼びます。図 2.10 の 20 点のデータセットについて 1 個抜き交差検証を適用した結果を図 2.13 に示します。左の × 印は $M = 1$，中央の ● 印は $M = 5$，そして右の ○ 印は $M = 9$ の多項式モデルで，横軸が目的変数 y，縦軸が回帰値 $\hat{y}$ を表しています。斜めの直線上のプロットは，目的変数と回帰値が一致していることを表しています。

rms 誤差は

$$E_{\mathrm{rms}} = \sqrt{\sum_{i=1}^{20}(y_i - \hat{y}_i)^2/20} \tag{2.4}$$

と求めることができます。

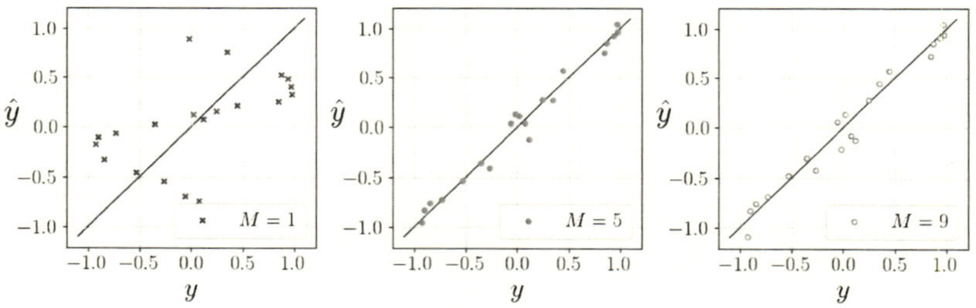

図 2.13　1 個抜き交差検証

2 つの交差検証の比較

最後に，○ で示す 2 分割交差検証と ● で示す 1 個抜き交差検証による検証結果を比較し，図 2.14 に示します。

1 個抜き交差検証では，19 点のデータから回帰モデルを構築しているので，$M = 8$ や 9 の高次多項式でも rms 誤差が急激に増加していないことに留意してください。

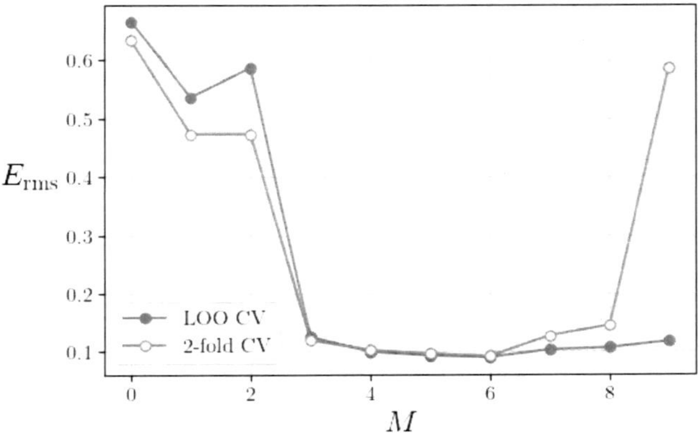

図 2.14　2 つの交差検証方法の比較

コラム：特徴抽出

機械学習によって構築したモデルの汎化性能を向上させるためには，教師データに含まれている学習には不必要な，あるいは障害となる情報はあらかじめ除去しておく必要があります。その結果得られた学習のために必要な情報を特徴量といいます。

一例として，図 2.3 に紹介した画像データは，文字の大きさ，傾き，濃淡などがバラバラの手書き文字を 256 レベルのグレースケール，28×28 ピクセルの画像に統一することで認識率の向上を図りました。この場合，特徴抽出は学習プロセスとは独立した前処理と位置付けられます。

一方で，顔認証のための深層学習の例では，図 2.15 に示すように「輪郭 (Edges) の抽出」「顔の要素 (Object Parts) 抽出」「顔 (Objects) の抽出」を行うレイヤーを階層的に結合することで特長抽出の前処理は不要になっています。複雑なアルゴリズムと膨大な処理時間が要求されますが，より柔軟な処理が可能になりました。

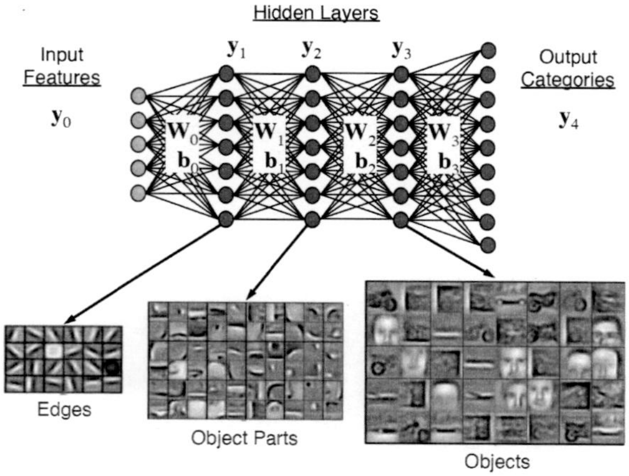

図 2.15　顔認証のための深層学習 [8]

第3章

不確かさと確率分布

日常何気なく使われる「誤差」,「偏差」,「ばらつき」などの用語と『不確かさ』にはどのような違いがあるのでしょうか？

本章では，不確かさの定義を確認し，不確かさを定量化する数学的背景である『確率分布』について紹介します。

3.1　不確かさとは

2006 年に制定された JIS Z 8404 - 1「測定の不確かさ – 第 1 部」では，**不確かさ** (uncertainty) を以下のように定めています（下線部を追記）。

> **3.12 不確かさ** (uncertainty)
>
> 測定結果に付随した，合理的に測定対象量に結び付けられ得る値のばらつきを特徴付けるパラメータ。
>
> （注記 1）　このパラメータは，例えば，標準偏差（又はそのある倍数）であっても，又は信頼の水準を明示した区間の半分の値であってもよい。
>
> （注記 2）　測定の不確かさは一般に多くの成分を含む。これらの成分の一部は一連の測定結果の統計分布によって推定することができ，また，実験標準偏差によって特徴付けられる。その他の成分は，それらもまた標準偏差によって特徴付けられるが，経験又は他の情報に基づいて確率分布を想定して評価する。
>
> （注記 3）　測定の結果は，測定量の値の最良推定値であること，また，補正及び参照標準に付随する成分のような系統効果によって生じる成分も含めた，すべての不確かさの成分は，ばらつきに寄与することと理解される。

この定義によると，不確かさとは，測定結果の統計分布から推定されるような「ばらつき」を特徴付けるパラメータであり，代表的なパラメータとして「標準偏差」を挙げることができます。また，測定結果は，「最良推定値」であると定義されています。

この定義が示唆することは，（理想的には無限回の）繰り返し測定で得らる測定結果を**母集団** (population) とするとき，母集団からサンプリングした標本の統計分布である平均が測定値であるということです。

次節以降で，もう少し詳しく解説を行います。

3.2　誤差

2019 年に制定された JIS Z 8103「計測用語」では,（測定）**誤差** (error) とは「測定値から真値を引いた値」と定義されています。「量の定義と整合する量の値」と定義される真値は, 実際には知ることができない値と考えられています*1)。そのため, 誤差を求めるためには, 真値の替わりに母集団の平均や理論値を用いることになります。

そして, 繰り返し測定で得られる測定値の誤差には, 主として（測定の）**系統誤差** (systematic error) と（測定の）**偶然誤差** (random error) があり, その発生要因を図 3.1 に示します。

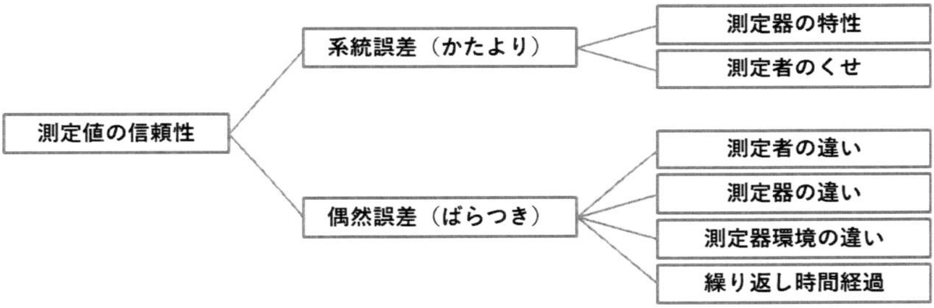

図 3.1　測定値の信頼性とその発生要因

3.3　ばらつきとかたより

真値は知ることができないので, 母集団の平均値を真値と見なした, 系統誤差を**かたより**（偏り, bias）, 偶然誤差を**ばらつき** (dispertion) といいます。ばらつきが小さい程度を精密さ (precision), かたよりが小さい程度を正確さ (trueness) と呼び, 両者を含めた測定結果と真値との一致の度合を精度 (accuracy) といいます。

*1)　光速度, プランク定数, アボガドロ定数などの物理定数は定義値であり不確かさのない真値です。

測定値を横軸とし，母集団と標本の平均を図 3.2 に示します。図中の山高帽子状の曲線は，測定値の分布といい次節で紹介するように測定値の頻度分布（ヒストグラム）から求めることができます。

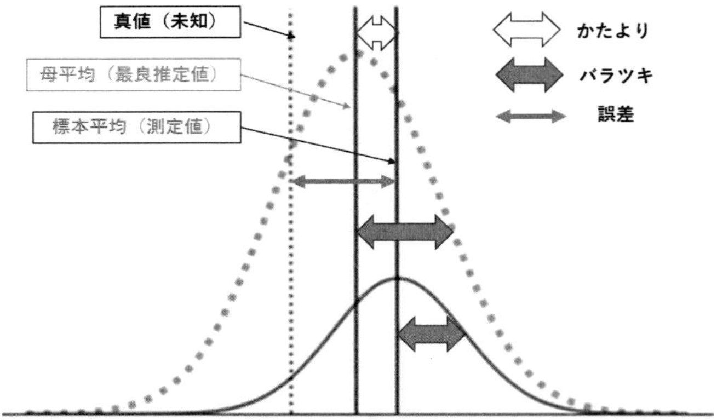

図 3.2　ばらつきとかたより

3.4　測定値の分布

ある母集団を対象とした測定を n 回繰り返し得られた測定値を $x_1, x_2, \ldots, x_n$ とし，その結果をヒストグラムとして表示したのが図 3.3 です。**ヒストグラム** (histogram) とは，横軸にとった測定値が存在する範囲を等間隔 Δx でいくつかの区間に分割し，その区間に含まれるデータの数（頻度） を棒グラフの高さで示したグラフです。ここでは $n = 100, 1000, 10000$ とし，対応する区間数を $10, 30, 100$ と変化させたヒストグラムを示しています。

n が大きくなるにつれてグラフの形状は左右対称の滑らかな山高帽子状のグラフに変化していく様子を見ることができます。さらに，測定回数を無限に大きくすれば，仮想的な測定値のヒストグラムを得ることができ，このヒストグラムを測定値の**分布** (distribution) といいます。

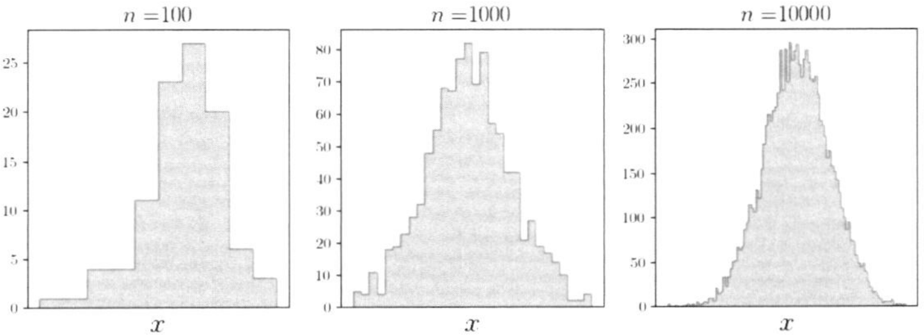

図 3.3 ヒストグラム

次節では，測定値の分布から得られる確率分布について紹介します。

3.5 確率分布

3.5.1 頻度主義的確率分布

確率変数 X がとり得る離散値を $(x_1, \ldots, x_m)$ とし，離散値それぞれに対応する確率 $(p_1, \ldots, p_m)$ が存在するとき，確率変数 X を**離散型確率変数** (discrete random variable) といいます。このとき，離散型確率変数 X が任意の離散値 x_i をとる関数 $P_X(x_i)$ を**確率質量関数** (probability mass function) と呼び確率分布を表します。

$$\Pr(X = x_i) = P_X(x_i) = p_i \tag{3.1}$$

$$0 \leq P_X(x_i) \leq 1 \tag{3.2}$$

$$\sum_{i=1}^{m} P_X(x_i) = 1 \tag{3.3}$$

頻度主義的な理解によると，N 回の試行の結果 $X = x_i$ となった試行の回数 c_i が得られたとき，

$$\Pr(X = x_i) = c_i/N \tag{3.4}$$

で与えられることになります。ここで，暗黙裡に $N \to \infty$ の極限を考えています。

さらに，離散型確率変数 Y を考え，N 回の試行の結果，図 3.4 に示すように

$X = x_i$ となった試行の回数 $c_i\,(i = 1, \ldots, m)$
$Y = y_j$ となった試行の回数 $r_j\,(j = 1, \ldots, n)$
$X = x_i$ かつ $Y = y_j$ となった試行の回数 n_{ij}

が得られたとします。

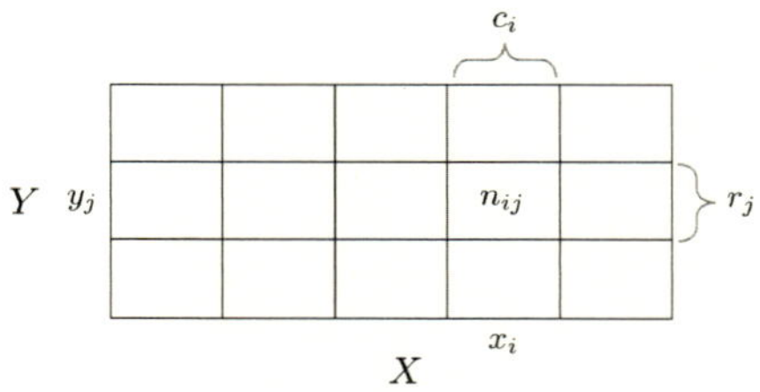

図 3.4　2 つの確率変数

このとき，

同時確率 (joint probability)

$$\Pr(X = x_i\,, Y = y_j) = n_{ij}/N \tag{3.5}$$

条件付き確率 (conditional probability)

$$\Pr(Y = y_j \mid X = x_i) = n_{ij}/c_i \tag{3.6}$$

$$\Pr(X = x_i \mid Y = y_j) = n_{ij}/r_j \tag{3.7}$$

がそれぞれ定義されます。さらに，

加法定理 (addition theorem)

$$\Pr(X = x_i) = \sum_{j=1}^{n} \Pr(X = x_i\,, Y = y_j) \tag{3.8}$$

乗法定理 (multiplication theorem)

$$\Pr(X = x_i\,,\, Y = y_j) = \frac{n_{ij}}{N} = \frac{n_{ij}}{c_i}\frac{c_i}{N}$$
$$= \Pr(Y = y_j \mid X = x_i)\Pr(X = x_i) \quad (3.9)$$

が導かれます。

これからは，上記のような煩わしい表記を避け，文脈上明白である場合には，確率変数 X の確率分布を $p(X)$ と簡潔な表現を採用します。この結果確率に関する 2 つの定理を改めて以下のように表すことができます。

（定理 3.1） 離散型確率変数の加法定理

$$p(X) = \sum_{Y} p(X\,,\,Y) \qquad (3.10)$$

（定理 3.2） 離散型確率変数の乗法定理

$$p(X\,,\,Y) = p(Y \mid X)\,p(X) \qquad (3.11)$$

ここで，$p(X\,,\,Y)$ は同時確率で，「X かつ Y となる確率分布」です。また $p(Y \mid X)$ は条件付き確率で，「X の特定の値が与えられた条件下での Y の確率分布」です。一方で，$p(X)$ は**周辺確率** (marginal probability)*2) で「X の確率分布」です。

3.5.2 ベイズの定理

乗法定理と対称性 $p(X\,,\,Y) = p(Y\,,\,X)$ から，条件付き確率間の関係である**ベイズの定理** (Bayes' theorem) が得られます。

（定理 3.3） ベイズの定理

$$p(Y \mid X) = \frac{p(X \mid Y)\,p(Y)}{p(X)} \qquad (3.12)$$

*2) 式 (3.10) が示すように一方の確率変数について総和をとることを周辺化といいます。

ここで，$p(Y \mid X)$ は，X が与えられたときの Y の確率分布であり，Y の**事後分布** (posterior probability) といい，一方 $p(Y)$ は，**事前分布** (prior probability) といいます。

また $p(X \mid Y)$ は，X が与えられたときの Y の尤もらしさを表す**尤度** (likelihood) といいますが，確率分布ではありません。周辺確率 $p(X)$ は事後分布とは無関係な正規化定数であることから，ベイズの定理をしばしば次の比例関係で表します。

$$\text{事後分布} \propto \text{尤度} \times \text{事前分布}$$

3.5.3　連続型確率変数と確率密度関数

確率変数 x が実数値をとる連続型確率変数である場合には，変数が区間 $(x\,,\,x+\delta x)$ に含まれる確率が $\delta x \to 0$ のとき $p(x)\,\delta x$ で与えられるとします。このとき $p(x)$ を**確率密度関数** (probability density function, PDF) といい，以下の条件を満たす必要があります。

$$p(x) \geq 0 \tag{3.13}$$

$$\int_{-\infty}^{\infty} p(x)\,dx = 1 \tag{3.14}$$

確率変数 x が区間 $(a\,,\,b)$ に含まれる確率は，

$$p(x \in (a\,,\,b)) = \int_a^b p(x)\,dx \tag{3.15}$$

で与えられ，加法定理と乗法定理は，それぞれ

$$p(x) = \int p(x\,,\,y)\,dy \tag{3.16}$$

$$p(x\,,\,y) = p(y \mid x)\,p(x) \tag{3.17}$$

と表すことができます。

ここで，$p(x\,,\,y)$ を**同時分布** (joint distribution)，$p(y \mid x)$ を**条件付き分布** (conditional distribution) といいます。

3.5.4　期待値と分散

関数 $f(x)$ が確率分布 $p(x)$ に従うとき，$f(x)$ の重み付き平均値を**期待**

値 (expectation, expected value) といい，$\mathbb{E}[f]$ と表します。

（定義 3.1） 関数 $f(x)$ の期待値

$p(x)$ が離散型確率変数の場合には，

$$\mathbb{E}[f] = \sum_x p(x)f(x) \tag{3.18}$$

$p(x)$ が連続型確率変数の場合には，

$$\mathbb{E}[f] = \int p(x)f(x)\,dx \tag{3.19}$$

で定義します。

また，$f(x)$ の平均値 $\mathbb{E}[f(x)]$ の周りでのばらつきの尺度である**分散** (variance) が定義されます。

（定義 3.2） 関数 $f(x)$ の分散

$$\begin{aligned}\mathrm{Var}[f] &= \mathbb{E}\left[(f(x) - \mathbb{E}[f(x)])^2\right] \\ &= \mathbb{E}\left[f(x)^2\right] - \mathbb{E}[f(x)]^2\end{aligned} \tag{3.20}$$

確率変数 x 自身の分散は

$$\mathrm{Var}[x] = \mathbb{E}\left[x^2\right] - \mathbb{E}[x]^2 \tag{3.21}$$

また，2 つの確率変数 x と y の**共分散** (covariance) は

$$\begin{aligned}\mathrm{Cov}[x, y] &= \mathbb{E}\left[(x - \mathbb{E}[x])(y - \mathbb{E}[y])\right] \\ &= \mathbb{E}[xy] - \mathbb{E}[x]\mathbb{E}[y]\end{aligned} \tag{3.22}$$

で定義されます。$\mathrm{Cov}[x, y] = 0$ のとき，x と y は**独立** (independent) といい，

$$\mathbb{E}[xy] = \mathbb{E}[x]\mathbb{E}[y] \tag{3.23}$$

が成立します。

3.6　正規分布

偶然誤差であるばらつきが従う確率分布としてよく知られているのが**正規分布** (normal distribution)

$$p(x) = \mathcal{N}(x \mid \mu, \sigma^2) = \frac{1}{\sqrt{2\pi\sigma^2}} \exp\left(-\frac{(x-\mu)^2}{2\sigma^2}\right) \tag{3.24}$$

です。μ が測定値の平均，標準偏差 σ が測定値のばらつきを表します。

なお，式 (3.24) を

$$x \sim \mathcal{N}(\mu, \sigma^2)$$

と省略して表すことがあります。

任意の $a < b$ に対して図 3.5 の塗りつぶし領域の面積

$$\int_a^b p(x)\, dx$$

は，測定値 x が区間 $[a, b]$ に入る確率を表します。

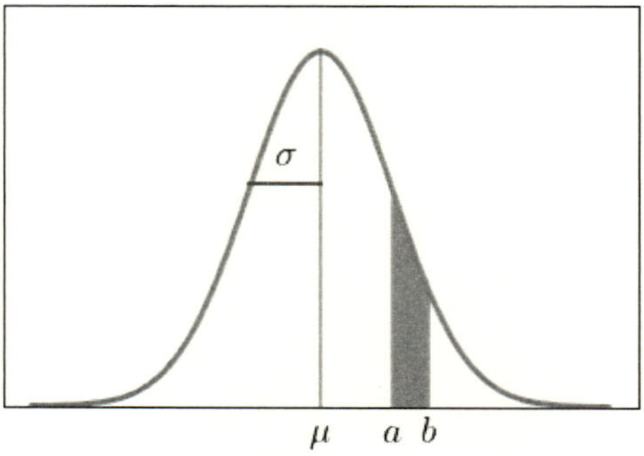

図 3.5　正規分布の確率密度と確率

信頼区間

母集団が式 (3.24) の正規分布に従うとき，サイズ n の標本をサンプリングし，標本平均 $\bar{x}$ の母平均 μ からのかたより（図 3.2 を参照）を標準化

すると

$$\bar{x}_{\mathrm{std}} = \frac{\bar{x} - \mu}{\sqrt{n}\sigma}$$

は，図 3.6 に示す標準正規分布 $\mathcal{N}(0, 1)$ に従うことになります。

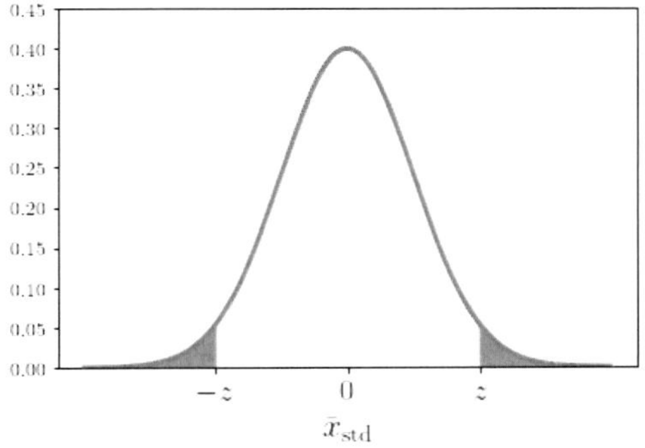

図 3.6　標準化された標本平均の確率密度

任意の $z > 0$ について図 3.6 の白抜きの部分の面積

$$1 - \alpha = \int_{-z}^{z} p(x)\, dx$$

は，標本化を繰り返したとき，標準化したかたより x_{std} が区間 $[-z, z]$ に含まれる確率を表すことになります。この区間 $[-z, z]$ を**信頼区間** (confidence interval, CI) といい，$1 - \alpha$ を信頼水準，あるいは信頼係数といいます。慣習として，信頼区間を $\mu \pm 2\sigma$，あるいは $100(1 - \alpha)$ % 信頼区間と表現します。信頼水準と信頼区間の対応を表 3.1 に示します。

表 3.1　信頼水準と信頼区間

信頼水準	信頼区間
68.3 %	$\mu \pm \sigma$
95.0 %	$\mu \pm 1.96\sigma$
95.5 %	$\mu \pm 2\sigma$
99.7 %	$\mu \pm 3\sigma$

3.7　多変量正規分布

D 次元ベクトル $\mathbf{x}$ に対する正規分布は，D 次元の平均ベクトル $\boldsymbol{\mu}$ と**共分散行列** (covariance matrix) という $D \times D$ 正定値行列 Σ で定義されます。

$$\begin{aligned} \mathcal{N}(\mathbf{x} \mid \boldsymbol{\mu}, \Sigma) &= \frac{1}{(2\pi)^{D/2}\sqrt{|\Sigma|}} \exp\left(-\frac{\Delta^2}{2}\right) \\ \Sigma_{ij} &= \mathrm{Cov}(x_i, x_j) \\ \Delta^2 &= (\mathbf{x}-\boldsymbol{\mu})^\mathsf{T}\Sigma^{-1}(\mathbf{x}-\boldsymbol{\mu}) \end{aligned} \tag{3.25}$$

$\Delta \geq 0$ は，**マハラノビス距離** (Mahalanobis distance) といい，$\mathbf{x}$ から $\boldsymbol{\mu}$ までの一般化した距離です。

Σ についての固有方程式

$$\Sigma\, \mathbf{u}_i = \lambda_i\, \mathbf{u}_i \tag{3.26}$$

から，固有値 λ_i と対応する固有ベクトル $\mathbf{u}_i$ を求めることができます。このとき，Σ が正定値行列であるので固有値は $\lambda_i > 0$ となります。また，固有ベクトルは，$\|\mathbf{u}_i\| = 1$ と正規化することができます。正規化した固有ベクトルからユニタリ行列

$$\mathrm{U} = \begin{pmatrix} \mathbf{u}_1^\mathsf{T} \\ \mathbf{u}_2^\mathsf{T} \\ \vdots \\ \mathbf{u}_D^\mathsf{T} \end{pmatrix} \tag{3.27}$$

を構成し，$\mathbf{x}$ を $\boldsymbol{\mu}$ を中心に U で回転し，

$$\mathbf{y} = \mathrm{U}(\mathbf{x}-\boldsymbol{\mu}) \tag{3.28}$$

とすると，

$$p\,(\mathbf{y}) = \prod_{j=1}^{D} \frac{1}{\sqrt{2\pi\lambda_j}} \exp\left(-\frac{{y_j}^2}{2\lambda_j}\right) \tag{3.29}$$

となり，y_j 座標系では，多変量正規分布 $p(\mathbf{y})$ は D 個の独立な正規分布の同時分布で表すことができます。

可視化するため，$D=2$ の場合について，$\Delta^2=1$ となる等高線を描くと，図 3.7 のような楕円となります。

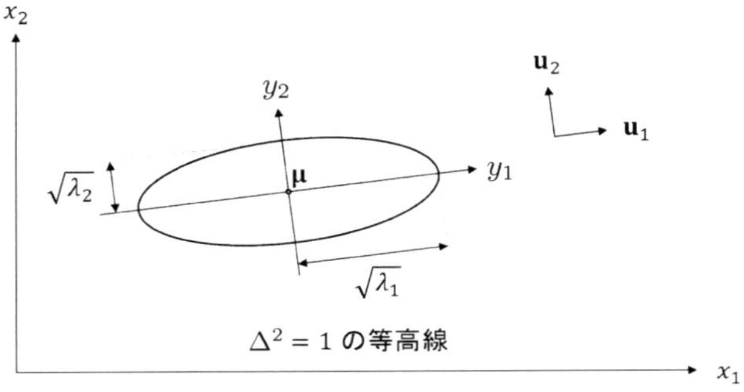

図 3.7　2 次元正規分布の等高線

このとき，$\Delta^2 \leq K^2$ となる確率，すなわち 2 次元正規分布からサンプリングした標本のマハラノビス距離が K 以下となる確率は

$$p(\Delta^2 \leq K^2) = 1 - \exp(-K^2/2)$$

となります。$p(\Delta^2 \leq K^2)$ を求めると表 3.2 のようになります。

表 3.2　マハラノビス距離と信頼区間

K	$p(\Delta^2 \leq K^2)$
1	0.393469
2	0.864665
3	0.988891

また，$p(\Delta^2 \leq K^2) = 0.95$ となる K を求めると $K = 2.447747$ となり，分布の中心からのマハラノビス距離が 2.448 の楕円の内側にランダムサンプリングした標本が入る確率が 95％ となります。この楕円を 95％ 信頼楕円と呼びます。

3.8　再訪：最小二乗法

3.8.1　問題設定

2.4 節で取り上げた M 次多項式によるカーブフィット問題について考えることにしましょう。すなわち，n 組の教師データセット

$$\mathcal{D} = \{(x_i,\, y_i) \,|\, i = 1, 2, \ldots, n\}$$

が与えられたとき，以下のベクトルと行列

説明変数ベクトル	$\mathbf{x}_i = \left(x_i^0, x_i^1, \ldots, x_i^M\right)^\top$
目的変数ベクトル	$\mathbf{y} = (y_1, y_2, \ldots, y_n)^\top$
$n \times (M+1)$ 計画行列	$\mathrm{X} = (\mathbf{x}_1, \mathbf{x}_2, \ldots, \mathbf{x}_n)^\top$
重みベクトル	$\mathbf{w} = (w_0, w_1, \ldots, w_M)^\top$

を定義し，回帰モデル

$$f(\mathbf{x},\, \mathbf{w}) = \sum_{j=0}^{M} w_j x^j = \mathbf{w}^\top \mathbf{x} \tag{3.30}$$

によって入力 $\mathbf{x} = (x^0, x^1, \ldots, x^M)^\top$ に対する回帰値

$$\hat{y} = \mathbf{w}^\top \mathbf{x} \tag{3.31}$$

を求める確率モデルを考えます。

ここで，前提条件として「目的変数は，説明変数と重みの線形結合に正規分布に従うノイズ $\epsilon \sim \mathcal{N}(0, \sigma_n^2)$ が重畳している」という確率分布を考えます。

$$y_i = f(\mathbf{x}_i,\, \mathbf{w}) + \epsilon \tag{3.32}$$

$$p\left(y_i \,|\, \mathbf{x}_i, \mathbf{w}, \sigma_n^2\right) = \mathcal{N}(y_i \,|\, f(\mathbf{x}_i,\, \mathbf{w}),\, \sigma_n^2) \tag{3.33}$$

さらに，第 2 の前提条件として「目的変数ベクトルが式 (3.33) の分布から独立に生成された独立同分布」とします。このとき，目的変数ベクトル $\mathbf{y}$ の尤度は，

$$p(\mathbf{y} \mid \mathrm{X}, \mathbf{w}, \sigma_n^2) = \prod_{i=1}^{n} \mathcal{N}(y_i \mid \mathbf{w}^\mathsf{T}\mathbf{x}_i, \sigma_n^2) \tag{3.34}$$

で与えられます。

3.8.2 最尤推定

式 (3.34) の尤度を最大化する重みベクトルを推定することを**最尤推定** (most likelihood estimate, MLE) といいます。分散 σ_n^2 の逆数である精度 $\beta > 0$ を導入し $\sigma_n^2 = \beta^{-1}$ と置換し，式 (3.34) の対数をとると，

$$\begin{aligned}\log p(\mathbf{y} \mid \mathrm{X}, \mathbf{w}, \beta) &= \sum_{i=1}^{n} \mathcal{N}(y_i \mid \mathbf{w}^\mathsf{T}\mathbf{x}_i, \beta^{-1}) \\ &= \frac{n}{2}\log\beta - \frac{n}{2}\log(2\pi) - \frac{\beta}{2}E(\mathbf{w}) \end{aligned} \tag{3.35}$$

$$\begin{aligned}E(\mathbf{w}) &= \sum_{i=1}^{n}(y_i - \mathbf{w}^\mathsf{T}\mathbf{x}_i)^2 \\ &= (\mathbf{y} - \mathrm{X}\mathbf{w})^\mathsf{T}(\mathbf{y} - \mathrm{X}\mathbf{w}) \\ &= \mathbf{y}^\mathsf{T}\mathbf{y} - 2\mathbf{w}^\mathsf{T}(\mathrm{X}^\mathsf{T}\mathbf{y}) + \mathbf{w}^\mathsf{T}\mathrm{X}^\mathsf{T}\mathrm{X}\mathbf{w}\end{aligned} \tag{3.36}$$

となります。最尤推定と式 (3.36) で表される二乗和誤差を最小化することが等価であることが示されました。式 (3.35) を $\mathcal{L}$ で表すと，$\mathcal{L}$ は $\mathbf{w}$ と β をパラメータとする**対数尤度** (log likelihood) です。最尤推定のための停留条件 $\partial\mathcal{L}/\partial\mathbf{w} = 0$ を解くために，付録のベクトルの線形結合の微分と 2 次形式の微分の公式を使うと，

$$\begin{aligned}\frac{\partial\mathcal{L}}{\partial\mathbf{w}} = -\frac{\partial E(\mathbf{w})}{\partial\mathbf{w}} &= -2\mathrm{X}^\mathsf{T}\mathbf{y} + (\mathrm{X}^\mathsf{T}\mathrm{X} + (\mathrm{X}^\mathsf{T}\mathrm{X})^\mathsf{T})\mathbf{w} \\ &= -2\mathrm{X}^\mathsf{T}\mathbf{y} + 2\mathrm{X}^\mathsf{T}\mathrm{X}\mathbf{w} = 0\end{aligned} \tag{3.37}$$

となり，最小二乗問題の**正規方程式** (normal equation)

$$\mathrm{X}^\mathsf{T}\mathrm{X}\mathbf{w} = \mathrm{X}^\mathsf{T}\mathbf{y} \tag{3.38}$$

が得られます。逆行列 $(\mathrm{X}^\mathsf{T}\mathrm{X})^{-1}$ が存在すれば，重みベクトルの最尤推定値

$$\mathbf{w}_{\mathrm{ml}} = (\mathrm{X}^\mathsf{T}\mathrm{X})^{-1}\mathrm{X}^\mathsf{T}\mathbf{y} \tag{3.39}$$

を得ることができます。

一方の停留条件 $\partial\mathcal{L}/\partial\beta = 0$ からは，

$$\sigma_n^2 = \frac{1}{\beta_{\mathrm{ml}}} = \frac{1}{n}\sum_{i=1}^{n}(y_i - \mathbf{w}_{\mathrm{ml}}^{\top}\mathbf{x}_i)^2 \tag{3.40}$$

を得ることができます。

3.8.3　最大事後確率推定

ベイズの定理を使って重みベクトル $\mathbf{w}$ の事後確率を最大化するアプローチについて考えます。まず，形式的な同時分布

$$p\,(\mathbf{w},\,\mathbf{y}\,|\,\mathrm{X})$$

を，確率変数 $\mathbf{w}$ と $\mathbf{y}$ を使い，乗法定理で分解すると

$$p\,(\mathbf{w},\mathbf{y}\,|\,\mathrm{X}) = p\,(\mathbf{y}\,|\,\mathbf{w},\mathrm{X})\,p\,(\mathbf{w}\,|\,\mathrm{X})$$
$$p\,(\mathbf{w},\mathbf{y}\,|\,\mathrm{X}) = p\,(\mathbf{w}\,|\,\mathbf{y},\mathrm{X})\,p\,(\mathbf{y}\,|\,\mathrm{X})$$

が得られます。ここで，$p\,(\mathbf{w}\,|\,\mathrm{X})$ は，教師データとは無関係な事前分布 $p\,(\mathbf{w})$ であるので，ベイズの定理は，

$$p\,(\mathbf{w}\,|\,\mathbf{y},\,\mathrm{X}) = \frac{p\,(\mathbf{y}\,|\,\mathrm{X},\,\mathbf{w})\,p\,(\mathbf{w})}{p\,(\mathbf{y}\,|\,\mathrm{X})} \tag{3.41}$$

と表されます。精度 β をパラメータとして尤度を定義したのと同様に，精度 $\alpha > 0$ をパラメータとする $\mathbf{w}$ の事前分布として $(M+1)$ 次の多変量正規分布を考えます。

$$\begin{aligned} p\,(\mathbf{w}\,|\,\alpha) &= \mathcal{N}(\mathbf{w}\,|\,\mathbf{0},\,\alpha^{-1}\mathrm{I}) \\ &= \left(\frac{\alpha}{2\pi}\right)^{(M+1)/2} \exp\left(-\frac{\alpha}{2}\mathbf{w}^{\top}\mathbf{w}\right) \end{aligned} \tag{3.42}$$

式 (3.41) を精度パラメータを加えて書き直すと

$$p\,(\mathbf{w}\,|\,\mathrm{X},\mathbf{y},\alpha,\beta) \propto p\,(\mathbf{y}\,|\,\mathrm{X},\mathbf{w},\beta)\,p\,(\mathbf{w}\,|\,\alpha) \tag{3.43}$$

となり，与えられた教師データから最も確かと見なせる重み $\mathbf{w}$ の値を推定することができ，この手法を**最大事後確率推定** (maximum a posterior, MAP) といいます。式 (3.43) の対数を符号反転し，式 (3.35) と式 (3.43)

から，事後確率の最大値は

$$E_{\mathrm{reg}}(\mathbf{w}) = \frac{\beta}{2}\sum_{i=1}^{n}(y_i - \mathbf{w}^{\mathsf{T}}\mathbf{x}_i)^2 + \frac{\alpha}{2}\mathbf{w}^{\mathsf{T}}\mathbf{w}$$
$$= \frac{\beta}{2}(\mathbf{y} - \mathrm{X}\mathbf{w})^{\mathsf{T}}(\mathbf{y} - \mathrm{X}\mathbf{w}) + \frac{\alpha}{2}\mathbf{w}^{\mathsf{T}}\mathbf{w} \tag{3.44}$$

の最小値で与えられることが分かります。停留条件 $\partial E_{\mathrm{reg}}(\mathbf{w})/\partial\mathbf{w} = 0$ から $\lambda = \alpha/\beta$ として，正規方程式

$$(\mathrm{X}^{\mathsf{T}}\mathrm{X} + \lambda\mathrm{I})\,\mathbf{w} = \mathrm{X}^{\mathsf{T}}\mathbf{y} \tag{3.45}$$

が得られます。ここで，I は $(M+1)$ 次単位行列です。

式 (3.38) や式 (3.45) に現れる $\mathrm{X}^{\mathsf{T}}\mathrm{X}$ は半正定値行列であり，その逆行列の存在は保障されませんが，正定値行列 $\lambda\mathrm{I}$ を加えた $\mathrm{X}^{\mathsf{T}}\mathrm{X} + \lambda\mathrm{I}$ は正定値行列となるので，式 (3.45) から MAP 推定値

$$\mathbf{w}_{\mathrm{map}} = (\mathrm{X}^{\mathsf{T}}\mathrm{X} + \lambda\mathrm{I})^{-1}\mathrm{X}^{\mathsf{T}}\mathbf{y} \tag{3.46}$$

が得られます。

$\lambda\mathrm{I}$ を**ペナルティ項** (penalty term) といい，係数 λ は二乗和誤差 $E(\mathbf{w})$ と重みベクトルのノルム $\|\mathbf{w}\|^2 = \mathbf{w}^{\mathsf{T}}\mathbf{w}$ の相対的な重要度を調整していると見なせます。この手法は**正則化** (regularization) と呼ばれ，過学習の発生を抑制するために利用されています。

2.4 節で使用した 10 組の教師データを使用し，$\lambda = 0, 10^{-4}, 10^{-2}$ の場合の正則化の効果を図 3.8 に示します。$\lambda = 0$ の場合には，正則化の効果がなく過学習が発生していますが，λ が小さいほど E_{rms} が小さくなり，抑制効果が大きいことが分かります。

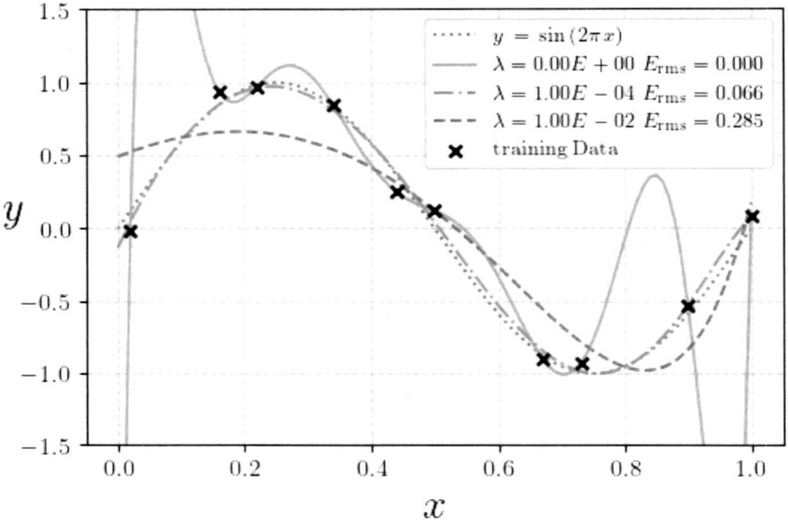

図 3.8　正則化と過学習の抑制

3.8.4　頻度主義的確率とベイズ確率の比較

図 2.2 で使用した教師データを使用し，2 つの精度パラメータを $\alpha = 1, \beta = 1$ としたとき，

- 左上：最小二乗法で得られた回帰値
- 右上：最尤推定で得られた尤度 $p(\mathbf{y} \mid \mathrm{X}, \mathbf{w})$ の分布と ★ 印で示す最尤推定値
- 右下：最大事後分布推定で得られた事後確率分布 $p(\mathbf{w} \mid \mathbf{y}, \mathrm{X})$ と ● 印で示す MAP 推定値
- 左下：テスト入力 x_* に対する出力 $y_* = f(x_*, \mathbf{w})$ の予測分布（導出は次章で紹介します）

を求めた結果を図 3.9 に示します。

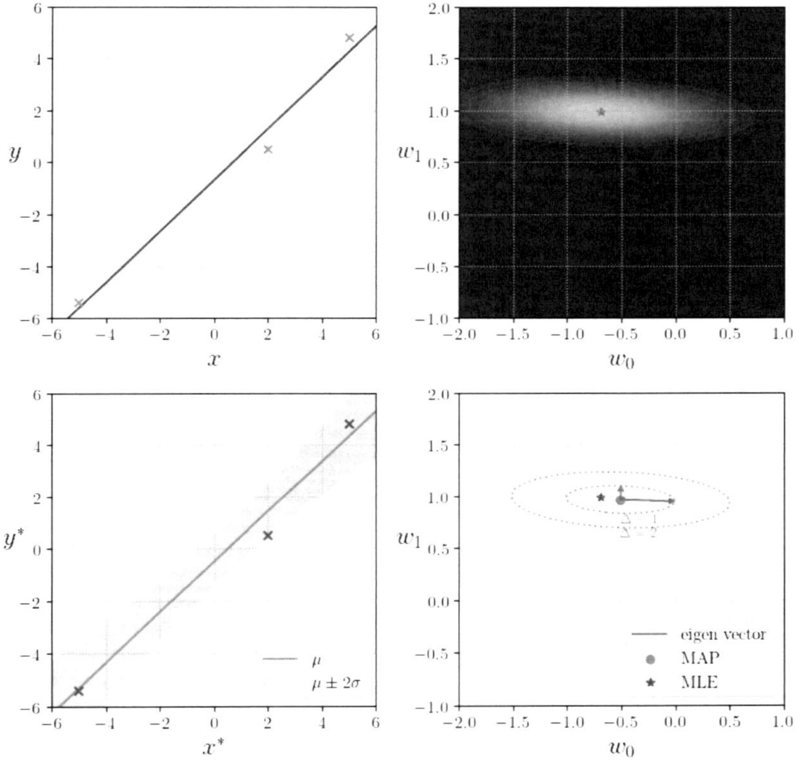

図 3.9　最尤推定と最大事後確率推定 (教師データ数：3)

任意の入力 x に対して，最小二乗法では回帰値は回帰直線上の点として求められる**点推定** (point estimation) であるのに対し，MAP 推定値から得られた**予測分布** (predicted distribution) は，入力 x に対し，平均値（直線）と分散（塗りつぶし）が得られる**区間推定** (interval estimation) になっています。ベイズ確率を利用した**ベイズ推定** (Bayesian inference) が不確かさの定量化の大きな武器となることが分かります。

また，右下の $\mathbf{w}$ の事後確率分布には，共分散行列から得られた固有値ベクトル（矢印）とマハラノビス距離が $\Delta = 1$，$\Delta = 2$ となる点を等高線表示（点線の楕円）しています。

使用する教師データの点数を 3 から 5 に増やすと，図 3.10 に示すように最尤推定値と MAP 推定値との距離は短くなっていることが分かります。また，予測分布の分散も小さくなっていることも確認できます。すなわち，教師データの点数を大きくすれば，最尤推定値と MAP 推定値は一致すること，そして予測分布の分散（ばらつき）が小さくなることが示唆されます。

また，事後確率分布からランダムサンプリングした 5 点 (+ 印) から得られる回帰直線を左下の予測分布に点線で追加表示しました。

ここで紹介した例は，1 次式による回帰モデルで，事前分布として単

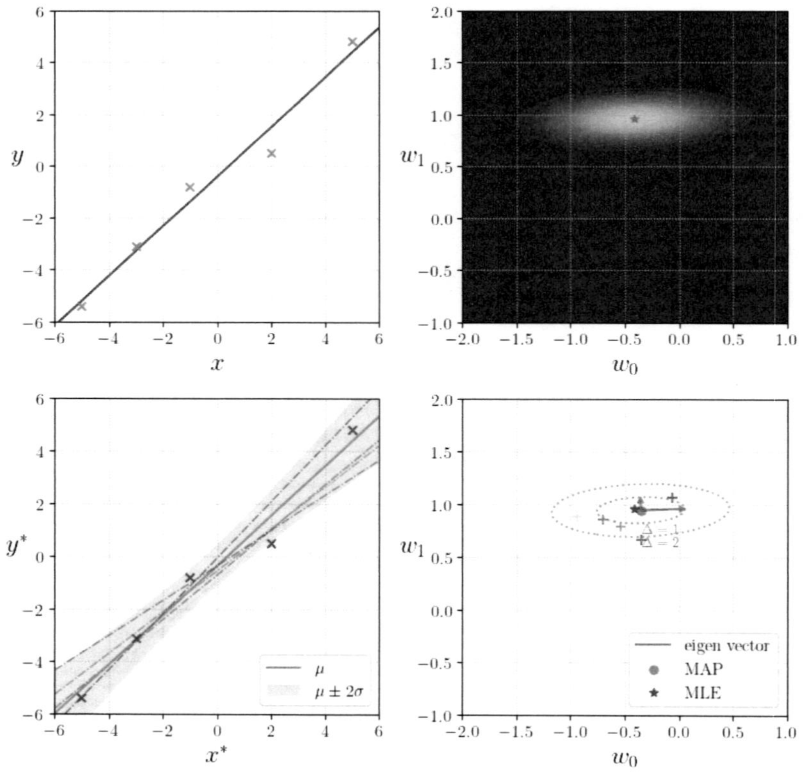

図 3.10　最尤推定と最大事後確率推定 (教師データ数：5)

純な $\mathcal{N}(\mathbf{w}\,|\,\mathbf{0}, \alpha^{-1}\,\mathrm{I})$ を想定し，教師データを付与して事後分布を求める「ベイズ推定」の枠組みです。ベイズ推定は，

- MAP 推定値から，回帰値を区間推定できること。
- 事後分布に従う重みパラメータをランダムサンプリングし，回帰直線を求めることができること。

が，最小二乗法と大きく異なるポイントです。複雑な回帰モデルや任意の事前分布を考慮したベイズ推定については，次章以降で紹介します。

3.9 まとめ

ここまで不確かさと確率分布について紹介しました。

中心極限定理 (central limit theorem) によれば，母集団の分布がどのような分布であっても，母平均が μ，母分散が $\sigma^2 > 0$ の母集団から，サイズ n の標本を選んだときの標本平均は平均が μ，分散が σ^2/n の正規分布

$$\mathcal{N}\left(\mu, \sigma^2/n\right)$$

に従います。すなわち，n 回の測定を繰り返し，平均をとることで偶然誤差であるばらつきを $1/\sqrt{n}$ に改善できることを示唆しています。

一方で，実験装置や測定器の誤差が原因である系統誤差を小さくするには，計量標準を用いて計測器の誤差を最小にする校正を行う必要があります。

実験結果を得るための手段が測定であることのアナロジーから，仮想実験のための手段がシミュレーションと見なすことができます。測定結果には必ず不確かさが伴うのであれば，シミュレーション結果にも不確かさが伴うと考えるのが自然なことです。同じシミュレーションを繰り返している限り偶然誤差は無視できるレベルですが，系統誤算の発生には留意することが必要です。

コラム：中心極限定理

母平均が μ，母分散が $\sigma^2 > 0$ の母集団から，サイズ n の標本 $x_1, x_2, \ldots, x_n$ を選んだときの標本和 S_n と標本平均 $\bar{x}$ は

$$S_n = \sum_{i=1}^{n} x_i \sim \mathcal{N}(n\mu, n\sigma^2)$$
$$\bar{x} = S_n/n \sim \mathcal{N}\left(\mu,\, \sigma^2/n\right)$$

で与えられます。

このとき，標準化した S_n が $a \leq (S_n - n\mu)/\sqrt{n}\sigma \leq b$ となる確率は，$n \to \infty$ の極限で

$$\lim_{n\to\infty} p\left(a \leq \frac{S_n - n\mu}{\sqrt{n}\sigma} \leq b\right) = \int_a^b \frac{1}{\sqrt{2\pi}} \exp\left(-\frac{x^2}{2}\right) dx$$
$$= \Phi(b) - \Phi(a)$$

で与えられます。同様に

$$\lim_{n\to\infty} p\left(a \leq \frac{\bar{x} - \mu}{\sigma/\sqrt{n}} \leq b\right) = \Phi(b) - \Phi(a)$$

が成立します。ここで，$\Phi(x)$ は次式で定義される**累積分布関数** (cumulative distribution function, CDF) で，$\mathrm{erf}(x)$ は**誤差関数** (error function) といい，2 つの関数の関係を図 3.11 に示します。

$$\Phi(x) = \int_{-\infty}^{x} \frac{1}{\sqrt{2\pi}} \exp\left(-\frac{t^2}{2}\right) dt = \frac{1}{2}\left[1 + \mathrm{erf}\left(\frac{x}{\sqrt{2}}\right)\right]$$

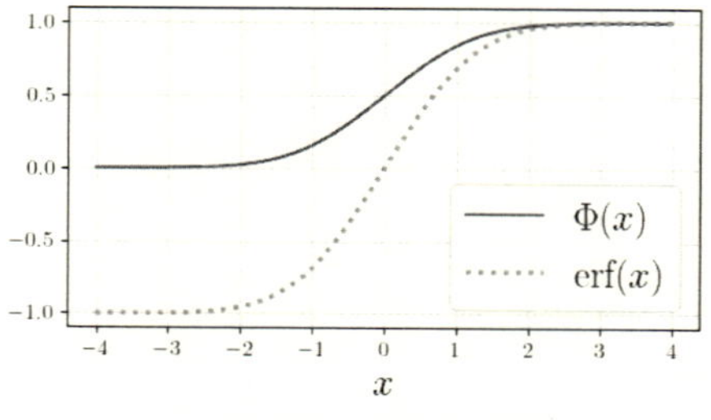

図 3.11　累積分布関数と誤差関数

第4章

線形回帰モデル

これまで紹介してきた回帰モデルは，1次元入力について直線や多項式でモデル化していました。

本章では，高次元の入力，さらにはより複雑で柔軟な回帰モデルである線形回帰モデルを紹介します。

4.1　単回帰・重回帰

前章で紹介した 1 次関数

$$\hat{y} = w_0 + w_1 x \tag{4.1}$$

によって，説明変数 x から回帰値 $\hat{y}$ を予測する回帰モデルを**単回帰** (single regression) といいます。説明変数が D 次元ベクトル

$$\mathbf{x} = (x_1, x_2, \ldots, x_D)^\mathsf{T} \tag{4.2}$$

である場合，

$$\hat{y} = w_0 + w_1 x_1 + w_2 x_2 + \cdots + w_D x_D \tag{4.3}$$

によって予測する回帰モデルを**重回帰** (multiple regression) といいます。

前章で紹介した M 次多項式

$$\hat{y} = w_0 + w_1 x + w_2 x^2 + \cdots + w_M x^M \tag{4.4}$$

による回帰は，重回帰の一例と見なすことができます*1)。この例では，非線形な項 x^M の線形結合で非線形モデルを実現しています。このことから，$\mathbf{x}$ に関するより自由度の高い関数の線形結合でより柔軟な非線形モデルを実現できることが示唆されます。

4.2　線形回帰

4.2.1　定義

教師データセット $\mathcal{D} = \{(\mathbf{x}_i, y_i) \,|\, \mathbf{x}_i \in \mathbb{R}^D,\ y_i \in \mathbb{R},\ i = 1, 2, \ldots, n\}$ が与えられたとき，説明変数 $\mathbf{x}$ の N 個の関数 $\phi_1(\mathbf{x}), \phi_2(\mathbf{x}), \ldots, \phi_N(\mathbf{x})$ の線形結合

$$\hat{y} = w_0 + w_1 \phi_1(\mathbf{x}) + w_2 \phi_2(\mathbf{x}) + \cdots + w_N \phi_N(\mathbf{x}) \tag{4.5}$$

*1)　厳密には，説明変数は 1 次元なので線形回帰です。

によって予測する回帰モデルを**線形回帰** (linear regression) といいます。ここで,

$$\boldsymbol{\phi}(\mathbf{x}) = (1, \phi_1(\mathbf{x}), \phi_2(\mathbf{x}), \ldots, \phi_N(\mathbf{x}))^\mathsf{T} \tag{4.6}$$

$$\mathbf{w} = (w_0, w_1, \ldots, w_N)^\mathsf{T} \tag{4.7}$$

とすると，式 (4.5) は,

$$\hat{y} = \mathbf{w}^\mathsf{T}\boldsymbol{\phi}(\mathbf{x}) \tag{4.8}$$

と表されます。

式 (4.6) で示される $\phi_i(\mathbf{x})$ を**基底関数** (basis function)，$\boldsymbol{\phi}(\mathbf{x})$ を**特徴ベクトル** (feature vector) といい，特徴ベクトルが張る空間 $\mathbb{R}^{N+1}$ を**特徴空間** (feature space) と呼びます。

式 (4.5) によって入力 $\mathbf{x}_i$ に対する回帰値 $\hat{y_i}$ を求め，行列表現すると

$$\begin{pmatrix} \hat{y_1} \\ \hat{y_2} \\ \vdots \\ \hat{y_n} \end{pmatrix} = \begin{pmatrix} 1 & \phi_1(\mathbf{x}_1) & \phi_2(\mathbf{x}_1) & \cdots & \phi_N(\mathbf{x}_1) \\ 1 & \phi_1(\mathbf{x}_2) & \phi_2(\mathbf{x}_2) & \cdots & \phi_N(\mathbf{x}_2) \\ \vdots & \vdots & \vdots & \ddots & \vdots \\ 1 & \phi_1(\mathbf{x}_n) & \phi_2(\mathbf{x}_n) & \cdots & \phi_N(\mathbf{x}_n) \end{pmatrix} \begin{pmatrix} w_0 \\ w_1 \\ \vdots \\ \vdots \\ w_N \end{pmatrix} \tag{4.9}$$

となります。特徴ベクトルから構成される $n \times (N+1)$ 行列

$$\Phi = (\boldsymbol{\phi}(\mathbf{x}_1), \boldsymbol{\phi}(\mathbf{x}_2), \ldots, \boldsymbol{\phi}(\mathbf{x}_n))^\mathsf{T} \tag{4.10}$$

を**計画行列** (design matrix) といいます。計画行列は，n 個の説明変数 $\mathbf{x}_1, \mathbf{x}_2, \ldots, \mathbf{x}_n$ が与えられれば定数行列となります。

4.2.2 正規方程式

3.8 節で紹介したシナリオに沿い，次に示すベイズの定理から MAP 推定によって線形回帰の正規方程式を導出します。

$$p\,(\mathbf{w} \mid \Phi,\, \mathbf{y}) = \frac{p\,(\mathbf{y} \mid \Phi,\, \mathbf{w})\, p\,(\mathbf{w})}{p\,(\mathbf{y} \mid \Phi)} \tag{4.11}$$

ここで，「目的変数は，説明変数と重みの線形結合に正規分布に従うノ

イズ $\epsilon \sim \mathcal{N}(0, \sigma_n^2)$ が重畳している」という確率分布

$$y_i = f(\mathbf{x}_i,\, \mathbf{w}) + \epsilon \tag{4.12}$$

$$p\,(y_i \,|\, \boldsymbol{\phi}(\mathbf{x}_i), \mathbf{w}, \sigma_n^2) = \mathcal{N}(y_i \,|\, f(\mathbf{x}_i,\, \mathbf{w}),\, \sigma_n^2) \tag{4.13}$$

を考えると，$\mathbf{y}$ の尤度

$$\begin{aligned} p\,(\mathbf{y} \,|\, \Phi, \mathbf{w}, \sigma_n^2) &= \prod_{i=1}^{n} \mathcal{N}(y_i \,|\, \mathbf{w}^\top \boldsymbol{\phi}(\mathbf{x}_i), \sigma_n^2) \\ &= \mathcal{N}(\mathbf{y} \,|\, \Phi\mathbf{w}, \sigma_n^2\, \mathrm{I}) \end{aligned} \tag{4.14}$$

が得られます。ここで，$\mathbf{w}$ の事前分布を

$$p\,(\mathbf{w}) = \mathcal{N}(\mathbf{w} \,|\, \mathbf{0}, \Sigma_p) \tag{4.15}$$

とします。ここで，共分散行列 Σ_p は正定値行列です。

式 (4.11)，式 (4.14)，式 (4.15) から $\mathbf{w}$ の事後分布

$$p\,(\mathbf{w} \,|\, \mathbf{y}, \Phi, \sigma_n^2, \Sigma_p) \propto p\,(\mathbf{y} \,|\, \Phi, \mathbf{w}, \sigma_n^2)\, p\,(\mathbf{w} \,|\, \Sigma_p) \tag{4.16}$$

が得られます。式 (4.16) の対数 $\mathcal{L}$ を最大化する $\mathbf{w}$ を求めると，

$$\begin{aligned} \mathcal{L} &= -\frac{1}{2\sigma_n^2} \sum_{i=1}^{n} (y_i - \mathbf{w}^\top \boldsymbol{\phi}(\mathbf{x}_i))^2 - \frac{1}{2} \mathbf{w}^\top \Sigma_p^{-1} \mathbf{w} + const. \\ &= -\frac{1}{2\sigma_n^2} (\mathbf{y} - \Phi\mathbf{w})^\top (\mathbf{y} - \Phi\mathbf{w}) - \frac{1}{2} \mathbf{w}^\top \Sigma_p^{-1} \mathbf{w} + const. \\ &= -\frac{1}{2\sigma_n^2} \left(\mathbf{y}^\top \mathbf{y} - 2\mathbf{w}^\top (\Phi^\top \mathbf{y}) + \mathbf{w}^\top \Phi^\top \Phi \mathbf{w} \right) - \frac{1}{2} \mathbf{w}^\top \Sigma_p^{-1} \mathbf{w} + const. \end{aligned}$$

であるので，停留条件

$$\frac{\partial \mathcal{L}}{\partial \mathbf{w}} = -\frac{1}{\sigma_n^2} \left(-\Phi^\top \mathbf{y} + \Phi^\top \Phi \mathbf{w} \right) - \Sigma_p^{-1} \mathbf{w} = \mathbf{0} \tag{4.17}$$

から線形回帰モデルの**正規方程式**（normal equation）が得られます。

$$\left(\sigma_n^{-2}\, \Phi^\top \Phi + \Sigma_p^{-1} \right) \mathbf{w} = \sigma_n^{-2}\, \Phi^\top \mathbf{y} \tag{4.18}$$

行列 $\Phi^\top \Phi$ は $(N+1) \times (N+1)$ 対称行列ですが，その逆行列が必ず存在するとは保障されていません。例えば，$\boldsymbol{\phi}(\mathbf{x}_i) = k\boldsymbol{\phi}(\mathbf{x}_j)$ である場合には，$rank(\Phi^\top \Phi) < N + 1$ となるいわゆるランク落ちが発生します。このような $\Phi^\top \Phi$ が悪条件の場合，あるいは教師データが 1 組である場合で

も，Σ_p^{-1} は正定値行列であるので，$\Phi^\mathsf{T}\Phi$ の正則化が可能となり，逆行列

$$\left(\sigma_n^{-2}\,\Phi^\mathsf{T}\Phi + \Sigma_p^{-1}\right)^{-1} \tag{4.19}$$

の存在が保障されることになります。この回帰モデルを**リッジ回帰**（Ridge regression）と呼びます。式 (4.18) から，線形回帰モデルの重みベクトルの MAP 推定値を求めることができます。

（公式 4.1） 線形回帰モデルの重みベクトルの MAP 推定値

$$\bar{\mathbf{w}} = \sigma_n^{-2}\left(\sigma_n^{-2}\,\Phi^\mathsf{T}\Phi + \Sigma_p^{-1}\right)^{-1}\Phi^\mathsf{T}\mathbf{y} \tag{4.20}$$

また，次式の行列 Λ を**精度行列**（precision matrix）と呼びます。

$$\Lambda = \sigma_n^{-2}\,\Phi^\mathsf{T}\Phi + \Sigma_p^{-1} \tag{4.21}$$

4.2.3 重みベクトルの予測分布

式 (4.14) と式 (4.15) では，確率変数は $\mathbf{w}$ と $\mathbf{y}$ であり，Φ，σ_n^2，Σ_p はパラメータです。次に示す多変量正規分布の条件付き分布を求める公式 4.2 の式 (4.24) に

$$\begin{aligned}
\mathbf{x} &= \mathbf{w}\\
\boldsymbol{\mu} &= \mathbf{0}\\
\Lambda^{-1} &= \Sigma_p^{-1}\\
\mathrm{A} &= \Phi\\
\mathbf{b} &= \mathbf{0}\\
\mathrm{L}^{-1} &= \sigma_n^{-2}\,\mathrm{I}
\end{aligned}$$

を代入すると

$$\begin{aligned}
p\left(\mathbf{w}\,|\,\Phi,\,\mathbf{y}\right) &= \mathcal{N}(\mathbf{w}\,|\,\sigma_n^{-2}\,\Sigma\,\Phi^\mathsf{T}\mathbf{y},\,\Sigma) \\
\Sigma &= \left(\sigma_n^{-2}\,\Phi^\mathsf{T}\Phi + \Sigma_p^{-1}\right)^{-1}
\end{aligned} \tag{4.22}$$

が得られます。式 (4.20) の MAP 推定で求めた $\bar{\mathbf{w}}$ が式 (4.22) の事後分布

の平均値となっていることに加えて，事後分散の共分散行列が式 (4.21) の精度行列の逆行列として求められていることが分かります。

（公式 4.2）　多変量正規分布の周辺分布と条件付き分布

$\mathbf{x}$ の周辺分布と $\mathbf{x}$ が付与されたときの $\mathbf{y}$ の条件付き分布が共に多変量正規分布

$$p(\mathbf{x}) = \mathcal{N}(\mathbf{x} \,|\, \boldsymbol{\mu},\, \Lambda^{-1})$$
$$p(\mathbf{y} \,|\, \mathbf{x}) = \mathcal{N}(\mathbf{y} \,|\, \mathrm{A}\mathbf{x} + \mathbf{b}, \mathrm{L}^{-1})$$

に従うとき，周辺分布と条件付き分布は

$$p(\mathbf{y}) = \mathcal{N}(\mathbf{y} \,|\, \mathrm{A}\,\boldsymbol{\mu} + \mathbf{b},\, \mathrm{L}^{-1} + \mathrm{A}\,\Lambda^{-1}\mathrm{A}^{\mathsf{T}}) \qquad (4.23)$$
$$p(\mathbf{x} \,|\, \mathbf{y}) = \mathcal{N}(\mathbf{x} \,|\, \Sigma\{\mathrm{A}^{\mathsf{T}}\mathrm{L}\,(\mathbf{y} - \mathbf{b}) + \Lambda\,\boldsymbol{\mu}\},\, \Sigma) \qquad (4.24)$$

で与えられます。ここで共分散行列は，

$$\Sigma = \left(\Lambda + \mathrm{A}^{\mathsf{T}}\mathrm{L}\,\mathrm{A}\right)^{-1}$$

で与えられます。

4.2.4　テスト入力に対する出力の予測分布

次に，新たなテスト入力 $\mathbf{x}_*$ が与えられたとき，出力 $f_* = f(\mathbf{x}_*, \mathbf{w})$ の予測分布 $p\,(f_* \,|\, \mathbf{x}_*, \Phi, \mathbf{y})$ を以下の手順で求めます。

まず，$p\,(f_* \,|\, \mathbf{x}_*, \Phi, \mathbf{y})$ は，f_* と $\mathbf{w}$ の同時確率から周辺化したとし，

$$p\,(f_* \,|\, \mathbf{x}_*, \Phi, \mathbf{y}) = \int p\,(f_*, \mathbf{w} \,|\, \mathbf{x}_*, \Phi, \mathbf{y})\, d\mathbf{w}$$

次に，同時確率を乗法定理によって $\mathbf{w}$ について分解すると右辺は，

$$\int p\,(f_* \,|\, \mathbf{w}, \mathbf{x}_*, \Phi, \mathbf{y})\, p\,(\mathbf{w} \,|\, \mathbf{x}_*, \Phi, \mathbf{y})\, d\mathbf{w}$$

と求めることができます。ここで，右辺の第 1 項の条件付き確率は，教師データ Φ と $\mathbf{y}$ から求められる $\mathbf{w}$ が与えられれば Φ と $\mathbf{y}$ は f_* に影響しないことになります。また，モデルのパラメータである $\mathbf{w}$ と $\mathbf{x}_*$ は独立で

す。これらの各変数の関係を使い，不要な条件を除去すると

$$p\left(f_* \mid \mathbf{x}_*, \Phi, \mathbf{y}\right) = \int p\left(f_* \mid \mathbf{x}_*, \mathbf{w}\right) p\left(\mathbf{w} \mid \Phi, \mathbf{y}\right) d\mathbf{w} \tag{4.25}$$

が得られます。式 (4.23) の周辺確率を求める公式に

$$\begin{aligned}
\mathbf{x} &= \mathbf{w} \\
\boldsymbol{\mu} &= \sigma_n^{-2} \Lambda^{-1} \Phi^\top \mathbf{y} \\
\mathrm{A} &= \boldsymbol{\phi}(\mathbf{x}_*)^\top \\
\mathbf{b} &= \mathbf{0} \\
\mathrm{L}^{-1} &= \sigma_n^{-2}\,\mathrm{I} \\
\mathbf{y} &= f_*
\end{aligned}$$

を代入し，$\boldsymbol{\phi}_* = \boldsymbol{\phi}(\mathbf{x}_*)$ とすると

$$\begin{aligned}
p\left(f_* \mid \mathbf{x}_*, \Phi, \mathbf{y}\right) &= \mathcal{N}\left(f_* \mid \sigma_n^{-2}\,\boldsymbol{\phi}(\mathbf{x}_*)^\top \Lambda^{-1} \Phi^\top\,\mathbf{y},\ \boldsymbol{\phi}(\mathbf{x}_*)^\top \Lambda^{-1} \boldsymbol{\phi}(\mathbf{x}_*)\right) \\
&= \mathcal{N}\left(f_* \mid \sigma_n^{-2}\,\boldsymbol{\phi}_*^\top \Lambda^{-1} \Phi^\top\,\mathbf{y},\ \boldsymbol{\phi}_*^\top \Lambda^{-1} \boldsymbol{\phi}_*\right)
\end{aligned}$$

が得られます。

（公式 4.3） 線形回帰モデルの予測分布

テスト入力 $\mathbf{x}_*$ が与えられたときの，線形回帰モデル

$$f(\mathbf{x}, \mathbf{w}) = \mathbf{w}^\top \boldsymbol{\phi}(\mathbf{x})$$

の予測分布は，

$$\begin{aligned}
p\left(f_* \mid \mathbf{x}_*, \Phi, \mathbf{y}\right) &= \mathcal{N}\left(f_* \mid \sigma_n^{-2} \boldsymbol{\phi}(\mathbf{x}_*)^\top \Lambda^{-1} \Phi^\top\,\mathbf{y},\ \boldsymbol{\phi}(\mathbf{x}_*)^\top \Lambda^{-1} \boldsymbol{\phi}(\mathbf{x}_*)\right) \\
&= \mathcal{N}\left(f_* \mid \sigma_n^{-2} \boldsymbol{\phi}_*^\top \Lambda^{-1} \Phi^\top\,\mathbf{y},\ \boldsymbol{\phi}_*^\top \Lambda^{-1} \boldsymbol{\phi}_*\right)
\end{aligned} \tag{4.26}$$

で与えられます。ここで，Λ は式 (4.21) で与えられる精度行列

$$\Lambda = \sigma_n^{-2}\,\Phi^\top \Phi + \Sigma_p^{-1}$$

です。

この公式が意味することは，テスト入力 $\mathbf{x}_*$ が与えられたとき，線形回帰モデルの出力は平均が $\sigma_n^{-2}\,\boldsymbol{\phi}(\mathbf{x}_*)^\top\Lambda^{-1}\Phi\,\mathbf{y}$，分散が $\boldsymbol{\phi}(\mathbf{x}_*)^\top\Lambda^{-1}\boldsymbol{\phi}(\mathbf{x}_*)$ の正規分布に従うとこと，すなわち区間推定ができることを表していて，この後ガウス過程回帰を導出する際，非常に重要な役割を果たすことになります。

さらに，ベクトル $\boldsymbol{\phi}(\mathbf{x}_*)$ を n_* 個のテスト入力から構成される計画行列

$$\Phi_* = (\boldsymbol{\phi}(\mathbf{x}_1), \boldsymbol{\phi}(\mathbf{x}_2), \ldots, \boldsymbol{\phi}(\mathbf{x}_{n_*}))^\top$$

で置き換えると，対応する予測分布の n_* 次元多変量正規分布を求めることができます。得られた共分散行列 $\Phi_*^\top\Lambda^{-1}\Phi_*$ の対角成分が予測分布の分散，非対角成分はテスト入力間の共分散を表しています。

4.2.5　線形回帰のまとめ

基底関数と特徴ベクトル

$$\boldsymbol{\phi}(\mathbf{x}) = (1, \phi_1(\mathbf{x}), \ldots, \phi_N(\mathbf{x}))^\top$$

関数モデル

$$f(\mathbf{x}) = \mathbf{w}^\top\boldsymbol{\phi}(\mathbf{x}), \quad y = f(\mathbf{x}) + \epsilon$$

計画行列

$$\Phi = (1, \boldsymbol{\phi}(\mathbf{x}_1), \boldsymbol{\phi}(\mathbf{x}_2), \ldots, \boldsymbol{\phi}(\mathbf{x}_n))^\top$$

ノイズの事前分布

$$p\,(\epsilon) = \mathcal{N}(\epsilon\,|\,0, \sigma_n^2)$$

重みベクトルの事前分布

$$p\,(\mathbf{w}) = \mathcal{N}(\mathbf{w}\,|\,\mathbf{0}, \Sigma_p)$$

精度行列

$$\Lambda = \sigma_n^{-2}\,\Phi^\top\Phi + \Sigma_p^{-1}$$

重みベクトルの予測分布

$$p\,(\mathbf{w}\,|\,\Phi,\,\mathbf{y}) = \mathcal{N}(\mathbf{w}\,|\,\sigma_n^{-2}\,\Lambda^{-1}\,\Phi^\top\mathbf{y},\,\Lambda^{-1})$$

テスト入力に対する出力の予測分布

$$p\,(f_*\,|\,\mathbf{x}_*, \Phi, \mathbf{y}) = \mathcal{N}(f_*\,|\,\sigma_n^{-2}\,\boldsymbol{\phi}(\mathbf{x}_*)^\top\Lambda^{-1}\Phi^\top\mathbf{y},\,\boldsymbol{\phi}(\mathbf{x}_*)^\top\Lambda^{-1}\boldsymbol{\phi}(\mathbf{x}_*))$$

重回帰と線形回帰の関係

線形回帰モデルに現れる 3 つの空間「データ空間」「パラメータ空間」「特徴空間」の関係を図 4.1 に示します。

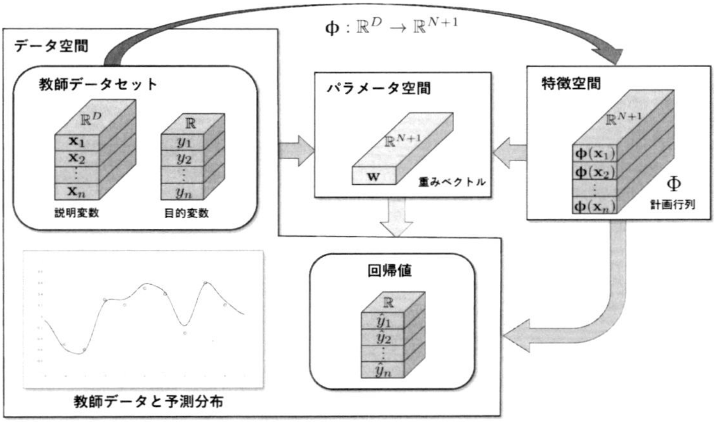

図 4.1 線形回帰モデルと 3 つの空間

線形回帰モデルで成立する前述の関係で，

$$\boldsymbol{\phi}(\mathbf{x}) \to \mathbf{x}\,, \qquad \Phi \to \mathrm{X}$$

と置き換えると重回帰モデルの関係式が得られます。両方のモデルの関係式に現れるベクトルと行列の次元は表 4.1 のようになります。

表 4.1 重回帰モデルと線形回帰モデルの行列とベクトル

		重回帰モデル	線形回帰モデル
説明変数ベクトル	$\mathbf{x}$	$D \times 1$	$D \times 1$
目的変数ベクトル	$\mathbf{y}$	$n \times 1$	$n \times 1$
重みベクトル	$\mathbf{w}$	$(D+1) \times 1$	$(N+1) \times 1$
特徴ベクトル	$\boldsymbol{\phi}(\mathbf{x})$		$(N+1) \times 1$
計画行列	X	$n \times (D+1)$	
計画行列	Φ		$n \times (N+1)$
$\mathbf{w}$ の事前分布の共分散行列	Σ_p	$(D+1) \times (D+1)$	$(N+1) \times (N+1)$
精度行列	Λ	$(D+1) \times (D+1)$	$(N+1) \times (N+1)$

4.3　線形回帰の簡単な例

線形回帰モデルの簡単な例として，1 次元の入力 $x \in \mathbb{R}$ の場合について考えます。回帰値 $\hat{y}$ は，特徴ベクトル $\boldsymbol{\phi}(x)$ と重みベクトル $\mathbf{w}$ の線形結合

$$\hat{y} = \mathbf{w}^\top \boldsymbol{\phi}(x)$$

で表されました。

ここで，$\boldsymbol{\phi}(x)$ として，1 次元空間における等間隔にグリッド

$$\mu_h \in \{-H, \ldots, -1, 0, 1, \ldots, H\}$$

の上で定義された基底関数から特徴ベクトル

$$\boldsymbol{\phi}(x) = \begin{pmatrix} \phi(x+H) \\ \vdots \\ \phi(x+1) \\ \phi(x) \\ \phi(x-1) \\ \vdots \\ \phi(x-H)) \end{pmatrix}$$

を定義します。各グリッドで重みベクトル $\mathbf{w}$ が与えれたとき，グリッド以外の任意の点における回帰値を補間することを考えます。例として，

$$\mathbf{w} = (-0.5,\ -0.6,\ 0.3,\ 0.2,\ 0.5,\ 0.4,\ -0.3,\ 0.6,\ 0.2)^\top$$

が与えられたとします。

sinc 関数による補間

サンプリング定理 (sampling theorem)*2) によって，ある信号を等間隔にサンプルした観測値から元の信号を復元する場合に用いられるのが

*2)「信号に含まれる最大周波数の 2 倍より高い周波数でサンプリングすれば完全に元の波形が再構成できる」という定理で，標本化定理ともいいます。

図 4.2（左）に示す **sinc 関数**

$$\phi(x) = \sin(\pi x)/(\pi x) \tag{4.27}$$

です。

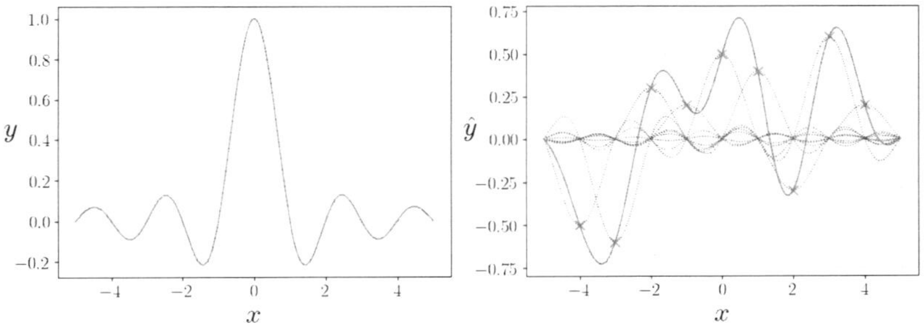

図 4.2 sinc 関数による補間

図 4.2（右）で × 印で示す観測値で重み付けした点線で示す 9 個の sinc 関数を足し合わせたのが実線で示す元の信号です。

sinc 関数はパラメータを含まないため，得られた回帰曲線は一意に決まり，観測点を必ず通ることが分かります。この例では，区間 $-5 \leq x \leq 5$ を間隔 0.01 の点における回帰値を求めています。

動径基底関数による補間

次に，正規分布の形をした**動径基底関数**（RBF 関数，radial basis function）

$$\phi(x) = \exp\left(-\frac{x^2}{2\,\ell^2}\right) \tag{4.28}$$

による補間の例を示します。

RBF 関数は**特性長スケール**または**特性長** (characteristic length scale) と呼ばれるパラメータ $\ell > 0$ を含む関数です。図 4.3（左）に $\ell = 1$ の RBF 関数を観測値で重み付けした曲線を示します。図 4.3（右）には，特性長の異なる RBF 関数から得られた回帰値をプロットしています。特性長が大きいときには回帰曲線は滑らかになり，特性長が小さいときには振動的な回帰曲線が得られていることが分かります。すなわち，特性長の選択によって自由度のある回帰曲線を得ることができます。

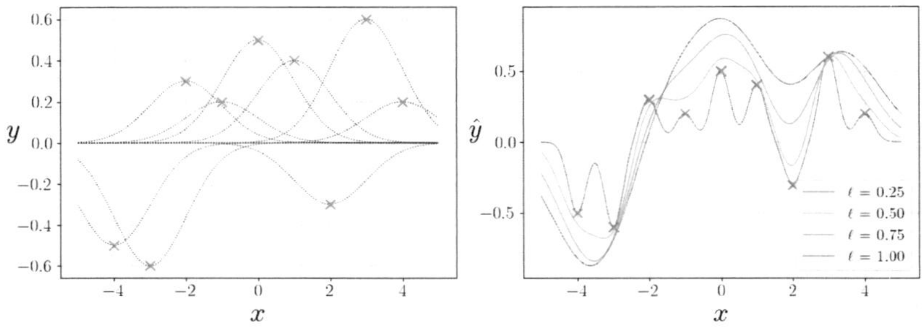

図 4.3　動径基底関数による補間

次元の呪い

これらの例は，グリッド間隔が 1 のグリッドで定義される基底関数が 9 個の場合でした。より細かなグリッド，例えば 0.1 間隔のグリッドでは，81 個の基底関数が必要になります。さらに，データ空間の次元 D が大きくなると，求められる基底関数の数は指数関数的に増大します。3 次元空間では $81^3 = 531,441$ 個の基底関数を用意する必要があり，このような問題を**次元の呪い** (curse of dimensionality) といいます。

4.4　線形回帰モデルの課題

第 2 章で紹介したように，モデル化した機械の関数を $f(\cdot)$ とすると，入力 x に対応する出力 y は，$f(x)$ で与えられます（図 4.4)。教師データセットが与えられたとき，機械として最も相応しい関数 $f(\cdot)$，すなわち教師データに隠れた構造を見つけ出すことが機械学習に与えられた命題です。

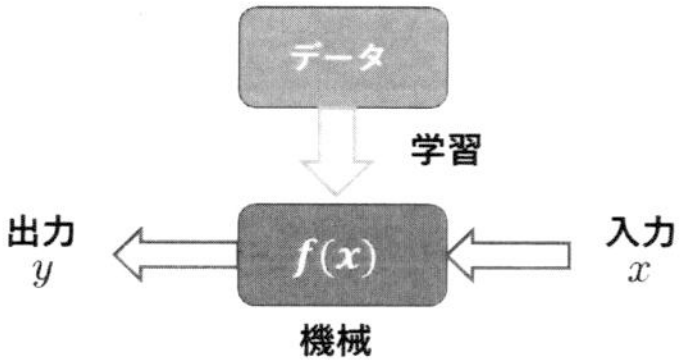

図 4.4　再掲：機械学習の概念

線形回帰は，単回帰や重回帰では実現できなかった非線形な関数を生成すること，高次元の入力にも柔軟に対応できることが示されました。一方，前節で紹介した補間で使用した等間隔のグリッドは強い制約であり，次元の呪いにも対応が必要です。さらに，基底関数の選択には自由度があるので，適切な関数とパラメータをどのように選択すればよいか，新たな課題も浮かび上がってきます。

これらの課題を解決するアプローチが次章で紹介するガウス過程です。ここでは，ガウス過程は「データ空間における多変量正規分布を採用した**確率過程** (stochastic process) モデル」と位置付けます。確率過程とは，入力データ $(\mathbf{x}_1, \mathbf{x}_2, \ldots, \mathbf{x}_n)$ に対応する確率変数 $(y_1, y_2, \ldots, y_n)$ の同時分布を与える確率モデルです[*3)]。

*3)　元々は，株価の変動のように時間発展に伴って変化する確率変数で表されるプロセスを表しました。

コラム：単語と特徴ベクトル

基底関数 $\boldsymbol{\phi}$ は，データ空間 $\mathbb{R}^D$ から特徴空間 $\mathbb{R}^{N+1}$ への写像です。線形回帰モデルは特徴空間で特徴ベクトルの線形結合によって構成されることから，入力が $\mathbf{x} \in \mathbb{R}^D$ という要請は線形回帰モデルの必要条件ではありません。

ベクトルの内積とノルムから，2 つのベクトル $\mathbf{x}$ と $\mathbf{y}$ のコサイン類似度が定義できます。

$$\cos(\mathbf{x}, \mathbf{y}) = \frac{\langle \mathbf{x}\,,\,\mathbf{y} \rangle}{\|\mathbf{x}\| \cdot \|\mathbf{y}\|}$$

このとき，$-1 \leq \cos(\mathbf{x}, \mathbf{y}) \leq 1$ であり，1 に近い方が類似度が大きく，－1 に近い方がベクトルの向きは逆向きに近くなります。コサイン類似度はベクトルの向きのみが関係し，ノルムは影響しないことに留意してください。

この性質を利用し，単語の集合をベクトル表現すると単語間の類似度を評価することができるということから，Google の Mikolov 等が 2013 年に開発したのが Word2vec[16] です。応用例として，単語 'computer' に関連のある周辺語を出力した図を図 4.5 に示します。

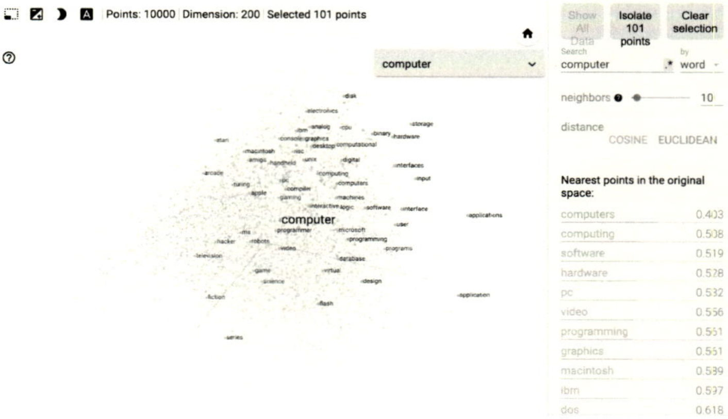

図 4.5　単語'computer' に近い周辺語 [20]

第5章

ガウス過程から ガウス過程回帰へ

本章では，線形回帰モデルの予測分布からガウス過程を導出します。その後，回帰モデルに適用することでガウス過程回帰モデルを導出します。

5.1　ベイズ推定の双対表現

5.1.1　問題設定

前章で，特徴空間における特徴ベクトル $\boldsymbol{\phi}(\mathbf{x}) \in \mathbb{R}^{(N+1)}$ の線形結合によって線形回帰モデル

$$f(\mathbf{w}, \mathbf{x}) = \mathbf{w}^\mathsf{T} \boldsymbol{\phi}(\mathbf{x})$$

を導出しました。そして，ベイズ推定によって任意のテスト入力 $\mathbf{x}_* \in \mathbb{R}^D$ が与える特徴ベクトル $\boldsymbol{\phi}_* = \boldsymbol{\phi}(\mathbf{x}_*)$ から $f_* = f(\mathbf{w}, \mathbf{x}_*) = \mathbf{w}^\mathsf{T} \boldsymbol{\phi}(\mathbf{x}_*)$ の予測分布が正規分布として求められることを示しました。

$$p\,(f_* \,|\, \mathbf{x}_*, \Phi, \mathbf{y}) = \mathcal{N}(f_* \,|\, {\sigma_n}^{-2} \boldsymbol{\phi}_*^\mathsf{T} \Lambda^{-1} \Phi^\mathsf{T} \mathbf{y},\ \ \boldsymbol{\phi}_* \Lambda^{-1} \boldsymbol{\phi}_*) \tag{5.1}$$

$$\Lambda = {\sigma_n}^{-2} \Phi^\mathsf{T} \Phi + {\Sigma_p}^{-1} \tag{5.2}$$

ここで，説明変数 $(\mathbf{x}_1, \mathbf{x}_2, \ldots, \mathbf{x}_n)$ から生成される計画行列 Φ は $n \times (N+1)$ 定数行列，精度行列 Λ と重みの事前分布の共分散行列 Σ_p は $(N+1) \times (N+1)$ 正定値行列でした。

式 (5.1) の正規分布の平均と分散は，Λ の逆行列が支配していますが，以下の手順でこの予測分布の双対表現を導出します。

5.1.2　予測分布の平均

まず，$n \times n$ 行列 K を次式で定義します。

$$\mathrm{K} = \underline{\Phi \Sigma_p \Phi^\mathsf{T}} \tag{5.3}$$

このとき，以下の関係が成立することが確認できます。

$$\begin{aligned}
{\sigma_n}^{-2} \Phi^\mathsf{T} (\mathrm{K} + {\sigma_n}^2 \mathrm{I}) &= {\sigma_n}^{-2} \Phi^\mathsf{T} (\Phi \Sigma_p \Phi^\mathsf{T} + {\sigma_n}^2 \mathrm{I}) \\
&= (\Lambda - {\Sigma_p}^{-1}) \Sigma_p \Phi^\mathsf{T} + \Phi^\mathsf{T} = \Lambda \Sigma_p \Phi^\mathsf{T}
\end{aligned}$$

この結果の左から Λ^{-1}，右から $(\mathrm{K} + {\sigma_n}^2 \mathrm{I})^{-1}$ を掛けると

$${\sigma_n}^{-2} \Lambda^{-1} \Phi^\mathsf{T} = \Sigma_p \Phi^\mathsf{T} (\mathrm{K} + {\sigma_n}^2 \mathrm{I})^{-1}$$

が得られます。さらに，左から $\boldsymbol{\phi}_*^\mathsf{T}$，右から $\mathbf{y}$ を掛けると，式 (5.1) の平

均値は，

$$\sigma_n^{-2}\boldsymbol{\phi}_*^\top \Lambda^{-1}\Phi^\top \mathbf{y} = \underline{\boldsymbol{\phi}_*^\top \Sigma_p \Phi^\top}(\mathrm{K}+\sigma_n^2\mathrm{I})^{-1}\mathbf{y} \tag{5.4}$$

と求めることができます。

5.1.3 予測分布の分散

次の Woodbury の恒等式に

$$(\mathrm{A}+\mathrm{B}\mathrm{D}^{-1}\mathrm{C})^{-1} = \mathrm{A}^{-1} - \mathrm{A}^{-1}\mathrm{B}(\mathrm{D}+\mathrm{C}\mathrm{A}^{-1}\mathrm{B})^{-1}\mathrm{C}\mathrm{A}^{-1}$$

$$\mathrm{A} = \Sigma_p^{-1}$$
$$\mathrm{B} = \Phi^\top$$
$$\mathrm{C} = \Phi$$
$$\mathrm{D} = \sigma_n^2\mathrm{I}$$

を代入すると，

$$\begin{aligned}(\Sigma_p^{-1}+\sigma_n^{-2}\Phi^\top\Phi)^{-1} &= \Lambda^{-1}\\ &= \Sigma_p - \Sigma_p\Phi^\top(\mathrm{K}+\sigma_n^2\mathrm{I})^{-1}\Phi\Sigma_p\end{aligned}$$

が得られるので，式 (5.1) の分散は

$$\boldsymbol{\phi}_*^\top\Lambda^{-1}\boldsymbol{\phi}_* = \underline{\boldsymbol{\phi}_*^\top\Sigma_p\boldsymbol{\phi}_*} - \underline{\boldsymbol{\phi}_*^\top\Sigma_p\Phi^\top}(\mathrm{K}+\sigma_n^2\mathrm{I})^{-1}\underline{\Phi\Sigma_p\boldsymbol{\phi}_*} \tag{5.5}$$

と求めることができます。

5.1.4 内積表現

式 (5.3)，式 (5.4)，式 (5.5) の下線部で示す項は，

$$k(\mathbf{x},\mathbf{x}') = \boldsymbol{\phi}(\mathbf{x})^\top\Sigma_p\boldsymbol{\phi}(\mathbf{x}') \tag{5.6}$$

から構成される $n\times n$ 半正定値行列，$n\times 1$ ベクトル，あるいはスカラーとなり，$k(\mathbf{x},\mathbf{x}')$ を**カーネル関数** (kernel function) といいます。

ここで，事前分布の共分散行列 Σ_p は正定値行列であるので，固有値分解ができます。

$$\Sigma_p = \mathrm{UDU}^\mathsf{T} \tag{5.7}$$

ここで，D は固有値から構成される対角行列，U は正規化された固有ベクトルから構成されるユニタリ行列です。このとき，

$$\Sigma_p{}^{1/2} = \mathrm{UD}^{1/2}\mathrm{U}^\mathsf{T} \tag{5.8}$$

であるので，式 (5.6) は，

$$\begin{aligned} k(\mathbf{x}, \mathbf{x}') &= (\Sigma_p{}^{1/2}\boldsymbol{\phi}(\mathbf{x}))^\mathsf{T}\Sigma_p{}^{1/2}\boldsymbol{\phi}(\mathbf{x}') \\ &= \langle(\Sigma_p{}^{1/2}\boldsymbol{\phi}(\mathbf{x}))^\mathsf{T}\,,\ \Sigma_p{}^{1/2}\boldsymbol{\phi}(\mathbf{x}')\rangle \end{aligned} \tag{5.9}$$

となり，$(N+1)$ 次元のベクトル $\boldsymbol{\psi}(\mathbf{x}) = \Sigma_p{}^{1/2}\boldsymbol{\phi}(\mathbf{x})$ の内積

$$k(\mathbf{x}, \mathbf{x}') = \langle\boldsymbol{\psi}(\mathbf{x})\,,\ \boldsymbol{\psi}(\mathbf{x}')\rangle \tag{5.10}$$

で表されることになります。

特に，事前分布 Σ_p が独立同分布から生成される共分散行列である場合には，$\Sigma_p = \lambda^2\,\mathrm{I}$ とすると

$$k(\mathbf{x}, \mathbf{x}') = \lambda^2\langle\boldsymbol{\phi}(\mathbf{x})\,,\ \boldsymbol{\phi}(\mathbf{x}')\rangle \tag{5.11}$$

となります。

5.1.5　カーネル関数の簡単な例と公式

2 次元空間でカーネル関数

$$k(\mathbf{x}, \mathbf{z}) = (\mathbf{x}^\mathsf{T}\mathbf{z} + 1)^2$$

を想定します。$\mathbf{x} = (x_1, x_2)$，$\mathbf{z} = (z_1, z_2)$ とすると，

$$\begin{aligned} k(\mathbf{x}, \mathbf{z}) &= (x_1 z_1 + x_2 z_2 + 1)^2 \\ &= x_1{}^2 z_1{}^2 + 2x_1 x_2 z_1 z_2 + x_2{}^2 z_2{}^2 + 2x_1 z_1 + 2x_2 z_2 + 1 \\ &= (x_1{}^2, \sqrt{2}x_1 x_2, x_2{}^2, \sqrt{2}x_1, \sqrt{2}x_2, 1) \\ &\qquad\qquad (z_1{}^2, \sqrt{2}z_1 z_2, z_2{}^2, \sqrt{2}z_1, \sqrt{2}z_2, 1)^\mathsf{T} \end{aligned}$$

から

$$\boldsymbol{\phi}(\mathbf{x}) = (x_1^2, \sqrt{2}x_1x_2, x_2^2, \sqrt{2}x_1, \sqrt{2}x_2, 1)^\mathsf{T}$$

となります。

カーネル関数の定数倍，和については，以下の公式を適用することができます。

（公式 5.1） カーネル関数の定数倍

$c > 0$ とするとき

$$c\,k(\mathbf{x}, \mathbf{x}') = c\,\langle \boldsymbol{\phi}(\mathbf{x})\,,\, \boldsymbol{\phi}(\mathbf{x}')\rangle = \langle \sqrt{c}\,\boldsymbol{\phi}(\mathbf{x})\,,\, \sqrt{c}\,\boldsymbol{\phi}(\mathbf{x}')\rangle$$

（公式 5.2） カーネル関数の和

$$\begin{aligned} k_1(\mathbf{x}, \mathbf{x}') + k_2(\mathbf{x}, \mathbf{x}') &= \langle \boldsymbol{\phi}(\mathbf{x})\,,\, \boldsymbol{\phi}(\mathbf{x}')\rangle + \langle \boldsymbol{\psi}(\mathbf{x})\,,\, \boldsymbol{\psi}(\mathbf{x}')\rangle \\ &= \langle (\boldsymbol{\phi}(\mathbf{x}), \boldsymbol{\psi}(\mathbf{x}))\,,\, (\boldsymbol{\phi}(\mathbf{x}'), \boldsymbol{\psi}(\mathbf{x}'))\rangle \end{aligned}$$

また，特徴ベクトルを陽に表現することはできませんが，有効なカーネル関数 $k_1(\mathbf{x}, \mathbf{x}')$ と $k_2(\mathbf{x}, \mathbf{x}')$ から生成される以下の関数は，有効なカーネル関数であることが知られています。ここで，$f(\cdot)$ は任意の実数値関数です。

$$k(\mathbf{x}, \mathbf{x}') = k_1(\mathbf{x}, \mathbf{x}')\,k_2(\mathbf{x}, \mathbf{x}') \tag{5.12}$$

$$k(\mathbf{x}, \mathbf{x}') = \exp(k_1(\mathbf{x}, \mathbf{x}')) \tag{5.13}$$

$$k(\mathbf{x}, \mathbf{x}') = f(\mathbf{x})\,k_2(\mathbf{x}, \mathbf{x}')\,f(\mathbf{x}') \tag{5.14}$$

よく使用されるガウスカーネル

$$k(\mathbf{x}, \mathbf{x}') = \exp(-\|\mathbf{x} - \mathbf{x}'\|^2/\theta), \qquad \theta > 0 \tag{5.15}$$

が有効なカーネルであることは，以下のように示すことができます。

$$\|\mathbf{x} - \mathbf{x}'\|^2 = \mathbf{x}^\mathsf{T}\mathbf{x} + (\mathbf{x}')^\mathsf{T}\mathbf{x}' - 2\mathbf{x}^\mathsf{T}\mathbf{x}'$$

であるので

$$k(\mathbf{x}, \mathbf{x}') = \exp(-\mathbf{x}^\mathsf{T}\mathbf{x}/\theta)\,\exp(\mathbf{x}^\mathsf{T}\mathbf{x}'/\theta/2)\,\exp(-(\mathbf{x}')^\mathsf{T}\mathbf{x}'/\theta)$$

と変形することができます。式 (5.13)，式 (5.14) と $k_1(\mathbf{x}, \mathbf{x}') = \mathbf{x}^\mathsf{T}\mathbf{x}'$ が有効なカーネル関数であることが自明であるので，式 (5.15) のガウスカーネルは有効なカーネル関数であることが示されました。

さらに，$\mathbf{x}^\mathsf{T}\mathbf{x}'/\theta/2 = z$ とすると

$$\exp(z) = \sum_{n=0}^{\infty} \frac{z^n}{n!}$$

であるので，ガウスカーネルに対応する特徴ベクトルは無限次元であることも示されます。

5.1.6　予測分布の双対関係

式 (5.4) と式 (5.5) から f_* の予測分布は

$$\begin{aligned} p\,(f_* \,|\, \mathbf{x}_*, \Phi, \mathbf{y}) = \mathcal{N}(f_* \,|\, & \boldsymbol{\phi}_*^\mathsf{T}\Sigma_p\Phi^\mathsf{T}(\mathrm{K} + {\sigma_n}^2\,\mathrm{I})^{-1}\mathbf{y}\,, \\ & \boldsymbol{\phi}_*^\mathsf{T}\Sigma_p\boldsymbol{\phi}_* - \boldsymbol{\phi}_*^\mathsf{T}\Sigma_p\Phi_*^\mathsf{T}(\mathrm{K} + {\sigma_n}^2\,\mathrm{I})^{-1}\Phi\Sigma_p\boldsymbol{\phi}_*) \end{aligned} \tag{5.16}$$

となります。式 (5.1)

$$p\,(f_* \,|\, \mathbf{x}_*, \Phi, \mathbf{y}) = \mathcal{N}(f_* \,|\, {\sigma_n}^{-2}\boldsymbol{\phi}_*^\mathsf{T}\Lambda^{-1}\Phi^\mathsf{T}\mathbf{y},\ \boldsymbol{\phi}_*\Lambda^{-1}\boldsymbol{\phi}_*)$$

と式 (5.16) は共に，線形回帰モデルのベイズ推定から得られた同じ予測分布を表しています。一見すると，式 (5.16) は複雑な式に思えますが，この双対関係をまとめると表 5.1 のようになります。式 (5.16) によって予測分布を求める方がカーネル関数選択の自由度が高く，メリットが大きくなります。特に，特徴ベクトルが無限次元の場合には，式 (5.16) による予測が必須になります。

表 5.1　予測分布の双対表現の比較

	式 (5.16)	式 (5.1)
定義空間	データ空間	特徴空間
逆行列	$(\mathrm{K} + {\sigma_n}^2\,\mathrm{I})^{-1}$	$({\sigma_n}^{-2}\Phi^\mathsf{T}\Phi + {\Sigma_p}^{-1})^{-1}$
次元	$n \times n$	$(N+1) \times (N+1)$
カーネル関数	特徴ベクトルの内積で定義できる	無限次元の特徴ベクトルを陽に定義できない

5.2 ガウス過程

5.2.1 ガウス過程の定義

ガウス過程は以下の定義が示すように，無限大を含む任意の数の確率変数の同時分布が多変量正規分布に従う確率変数の集合です。

（定義 5.1） ガウス過程

任意の n 個の変数 $\{\mathbf{x}_i \in \mathcal{X} \mid i = 1, \ldots, n\}$ に対応する n 個の確率変数 $f(\mathbf{x})$ から生成されるベクトル

$$\mathbf{f} = (f(\mathbf{x}_1), f(\mathbf{x}_2), \ldots, f(\mathbf{x}_n))^\mathsf{T}$$

の同時分布 $p(\mathbf{f})$ が，平均 $\boldsymbol{\mu} = (\mu(\mathbf{x}_1), \mu(\mathbf{x}_2), \ldots, \mu(\mathbf{x}_n))^\mathsf{T}$，$\mathrm{K}_{ij} = k(\mathbf{x}_i, \mathbf{x}_j)$ を要素とする行列 K を共分散行列とする n 次多変量正規分布 $\mathcal{N}(\mathbf{f} \mid \boldsymbol{\mu}, \mathrm{K})$ に従うとき，$\mathbf{f}$ は**ガウス過程** (Gaussian process) に従うといい，

$$\mathbf{f} \sim \mathcal{GP}(\boldsymbol{\mu}, \mathrm{K})$$

と表します。

5.2.2 ガウス過程の性質

このように定義されるガウス過程は，以下の重要な性質をもっています。

- 関数 $f(\mathbf{x})$ は，無限次元のベクトル $\mathbf{f}$ と考えることができます。$f(\mathbf{x})$ をガウス過程の**潜在関数** (latent function) といいます。
- 有限次元の $\mathbf{f}$ は，無限次元の多変量正規分布を周辺化した n 次元の多変量正規分布と考えることができます。
- $\mathbf{f}$ の平均が 0 でない場合には，あらかじめ平均値を引く前処理を行うことで $\boldsymbol{\mu} = \mathbf{0}$ とできます。このことから，ガウス過程の性質は共分散行列 K によってのみ一意的に決まると考えられます。K を**カーネ**

ル行列 (kernel matrix) といい，ガウス過程を

$$\mathbf{f} \sim \mathcal{N}(\mathbf{0}, \mathrm{K})$$

と表すこともあります。

5.2.3　ガウス過程の例

$\mathbf{x} \in \mathbb{R}^D$ とし，重みベクトルの事前分布を $\mathcal{N}(\mathbf{w} \mid \mathbf{0}, \Sigma_p)$ とする線形回帰モデル $f(\mathbf{x}) = \mathbf{w}^\top \boldsymbol{\phi}(\mathbf{x})$ を考えます。定数行列である計画行列 Φ と $\mathbf{w}$ によって

$$\mathbf{f} = (f(\mathbf{x}_1), f(\mathbf{x}_2), \ldots, f(\mathbf{x}_n))^\top = \Phi\mathbf{w}$$

と表すことができました。このとき，

$$\boldsymbol{\mu} = \mathbb{E}[\mathbf{f}] = \Phi\mathbb{E}[\mathbf{w}] = \mathbf{0} \tag{5.17}$$

$$\Sigma = \mathbb{E}[\mathbf{f}\,\mathbf{f}^\top] - \mathbb{E}[\mathbf{f}]\,\mathbb{E}[\mathbf{f}]^\top = \Phi\mathbb{E}[\mathbf{w}\mathbf{w}^\top]\Phi^\top = \Phi\Sigma_p\Phi^\top \tag{5.18}$$

から，

$$p(\mathbf{f}) = \mathcal{N}(\mathbf{f} \mid \mathbf{0}, \Phi\Sigma_p\Phi^\top) \tag{5.19}$$

が得られます。5.1.4 項で示したように，$\mathrm{K} = \Phi\Sigma_p\Phi^\top$ はカーネル関数から生成される正定値行列であるため，『$\mathbf{f}$ はガウス過程に従う』ことになります。式 (5.19) では，重みベクトル $\mathbf{w}$ は期待値操作により消去（積分消去）されています。

この例が示唆することは，入力 $\mathbf{x}$ や特徴ベクトル $\boldsymbol{\phi}(\mathbf{x})$ の次元がどんなに高くても対応する $\mathbf{w}$ を求める必要がなく，$\mathbf{f}$ の分布は，『特徴ベクトルの内積であるカーネル関数から構成される $n \times n$ 共分散行列 $\mathrm{K} = \Phi\Sigma_p\Phi^\top$ によって決まる』ことになります。特徴ベクトル $\boldsymbol{\phi}(\mathbf{x})$ を明示的に表現せず，特徴ベクトルの内積であるカーネル関数でガウス過程の共分散行列を求めることを**カーネルトリック** (kernel trick) といいます。

ここまでは，特徴ベクトルの内積としてカーネル関数を定義し，正定値行列であるカーネル行列 K を生成しました。特徴ベクトルを明示することなく，$\mathbb{R}^D \times \mathbb{R}^D$ 上の任意の関数 $k(\mathbf{x}, \mathbf{x}')$ がカーネル行列を生成できるための必要条件が以下に示す**正定値性** (positive definiteness) です。

付録 A.6 節に紹介する対称行列が正定値行列であるための必要条件と

同様に正定値関数が定義されます。5.2.5 項で紹介するカーネル関数はこの条件件を満たしていることが確認できます。

（定義 5.2） 正定値関数

関数 $k : \mathbb{R}^D \times \mathbb{R}^D \to \mathbb{R}$ が対称関数 $k(\mathbf{x}, \mathbf{x}') = k(\mathbf{x}', \mathbf{x})$ で，任意の自然数 $n > 0$，$p_1, \ldots, p_n \in \mathbb{R}$，そして任意の $\mathbf{x}_1, \ldots, \mathbf{x}_n \in \mathbb{R}^D$ に対して

$$\sum_{i=1}^{n}\sum_{j=1}^{n} p_i p_j k(\mathbf{x}_i, \mathbf{x}_j) \geq 0 \tag{5.20}$$

が成立するとき，関数 k は**正定値関数** (positive definite function) です。

5.2.4 関数発生器としてのガウス過程

式 (5.19) が意味するのは，カーネル関数 $k(\mathbf{x}, \mathbf{x}')$ が与えられたとき，以下のステップで関数発生器を実現できることです。

1. n 点のデータ集合 $\{\mathbf{x}_i \in \mathcal{X} \mid i = 1, \ldots, n\}$ が与えられると
2. カーネル行列 $\mathrm{K}_{ij} = k(\mathbf{x}_i, \mathbf{x}_j)$ が生成されます。
3. K に従うガウス分布からランダムサンプリングを行い，$\mathbf{f}$ を求め
4. データ空間で $\mathbf{f}$ をプロットします。

図 5.1 に 3 点のデータによって生成されたガウス分布からランダムサンプリングすることで関数発生を行うプロセスを示します。

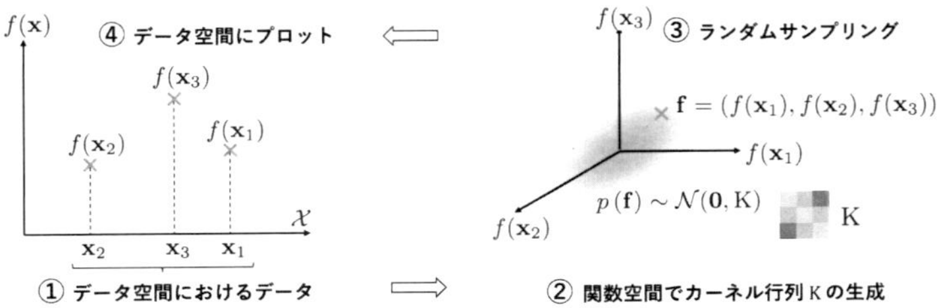

図 5.1 関数発生器としてのガウス過程 ($n = 3$ の場合)

より具体的な関数発生器の例として，カーネル関数を

$$k(\mathbf{x}, \mathbf{x}') = \exp\left(-\frac{|\mathbf{x} - \mathbf{x}'|^2}{\ell^2}\right)$$

としたとき，以下の 3 つの結果を紹介します。

- 図 5.2：区間 $[-10, 10]$ において間隔 0.1 で 201 点のグリッドを生成し，$\ell = 0.1, 1.0, 5.0$ としたカーネル行列とランダムサンプリングで得られた関数をプロットしています。図 4.3 の重みベクトルが与えられたときの補間結果と類似する関数が得られています。
- 図 5.3，図 5.4：区間 $[-10, 10]$ において間隔 1.0 で $21^2 = 441$ 点の 2 次元グリッド (x_i, y_j) を生成し，$\ell = 2, 5$ としたカーネル行列とランダムサンプリングで得られた 3 つの 2 次元関数をプロットしています。カーネル行列は，以下のグリッドから構成しています。

$$(x_1, y_1), \ldots, (x_n, y_1), (x_1, y_2), \ldots, (x_n, y_2), \ldots, (x_1, y_n), \ldots, (x_n, y_n)$$

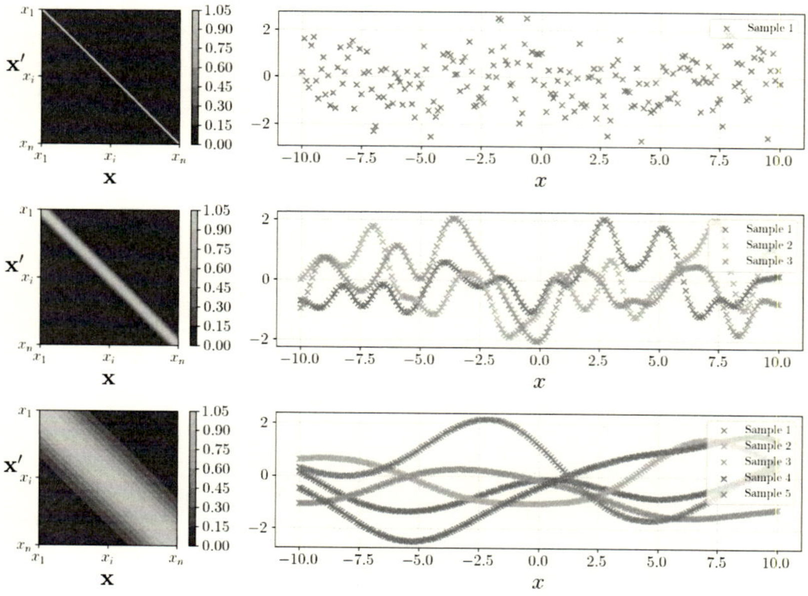

図 5.2　1 次元カーネル関数 ($n_* = 201$，上から順に $\ell = 0.1$, 1, 5 の場合)

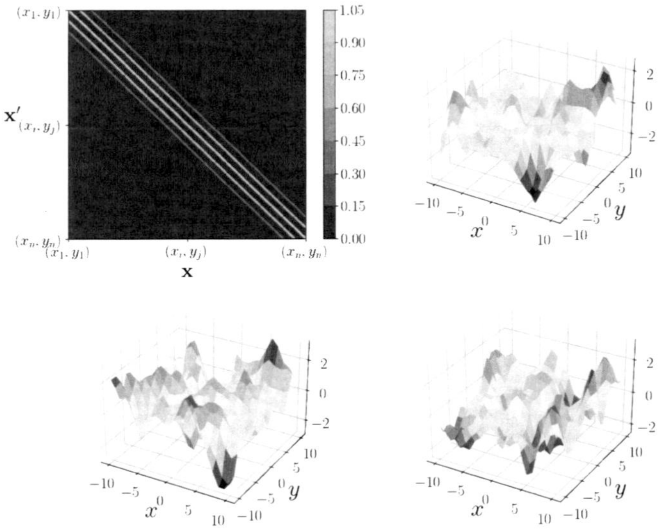

図 5.3　2 次元カーネル関数 ($n_* = 21^2$, $\ell = 2$ の場合)

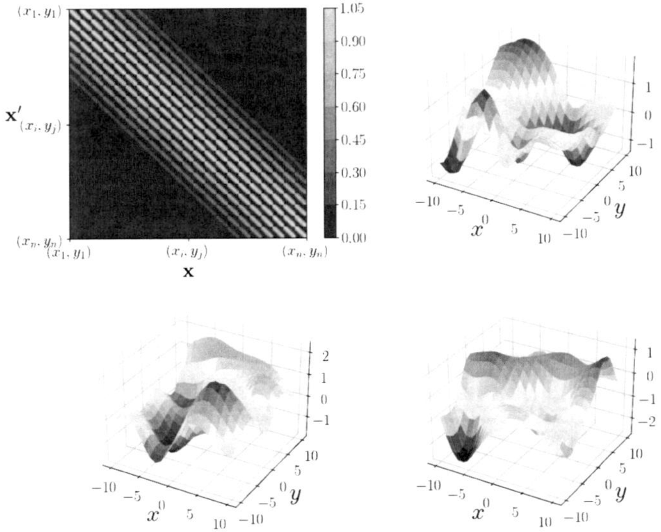

図 5.4　2 次元カーネル関数 ($n_* = 21^2$, $\ell = 5$ の場合)

5.2.5　様々なカーネル関数

ガウス過程で広く使用されるカーネル関数を紹介します。これからは，**ハイパーパラメータ** (hyperparameter)*1)を $\theta > 0$ に統一して表現します。また，$\mathbf{x}$ と $\mathbf{x}'$ との距離を

$$r = \|\mathbf{x} - \mathbf{x}'\| = \sqrt{(\mathbf{x} - \mathbf{x}')^{\mathsf{T}}(\mathbf{x} - \mathbf{x}')} \tag{5.21}$$

とします。

線形カーネル

$$k_{\text{lin}}(\mathbf{x}, \mathbf{x}') = \mathbf{x}^{\mathsf{T}}\mathbf{x}' \tag{5.22}$$

多項式カーネル

$$k_{\text{poly}}(\mathbf{x}, \mathbf{x}') = (\mathbf{x}^{\mathsf{T}}\mathbf{x}' + 1)^{M} \tag{5.23}$$

指数カーネル

$$k_{\text{exp}}(\mathbf{x}, \mathbf{x}') = \exp\left(-\frac{r}{\theta}\right) \tag{5.24}$$

Matérn カーネル（マターンカーネル）

$$k_{\text{mat3}}(\mathbf{x}, \mathbf{x}') = \left(1 + \frac{\sqrt{3}r}{\theta}\right)\exp\left(-\frac{\sqrt{3}r}{\theta}\right) \tag{5.25}$$

$$k_{\text{mat5}}(\mathbf{x}, \mathbf{x}') = \left(1 + \frac{\sqrt{5}r}{\theta} + \frac{5r^2}{3\theta^2}\right)\exp\left(-\frac{\sqrt{5}r}{\theta}\right) \tag{5.26}$$

ガウスカーネル（RBF）

$$k_{\text{rbf}}(\mathbf{x}, \mathbf{x}') = \exp\left(-\frac{r^2}{\theta}\right) \tag{5.27}$$

これらのカーネル関数から，1 次元の場合には区間 $[-1, 1]$ を間隔 0.01 で生成した 201 点，2 次元の場合には区間 $[-1, 1]$ を間隔 0.1 で生成した $21^2 = 441$ 点のグリッドから構成されるカーネル行列とランダムサンプリ

*1)　カーネル関数を特徴付けるパラメータで，線形回帰の重みベクトルのように線形結合で表すことができません。

ングによって得られた関数を図 5.5〜図 5.10 にプロットしています。

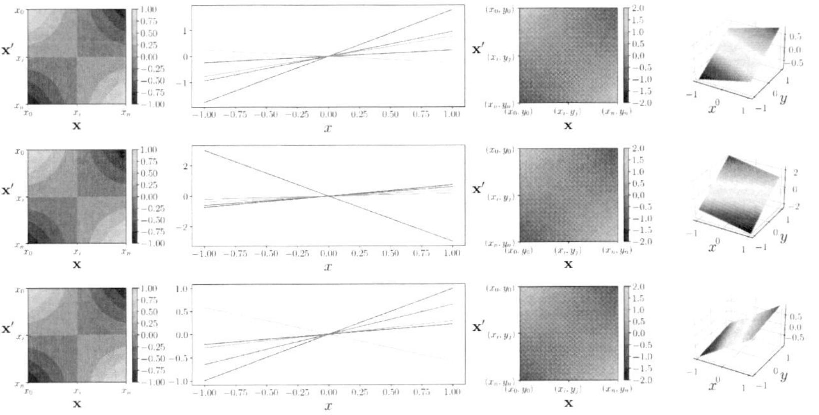

図 5.5　線形カーネル（ランダムサンプリングを 3 回繰り返す）

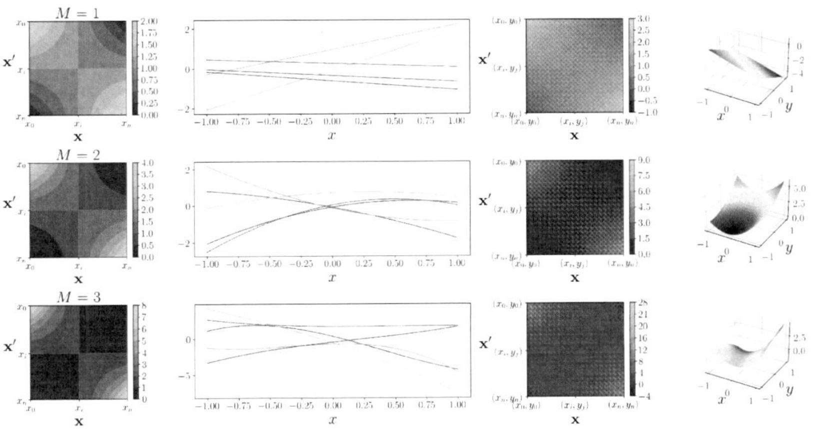

図 5.6　多項式カーネル $(M = 1, 2, 3)$

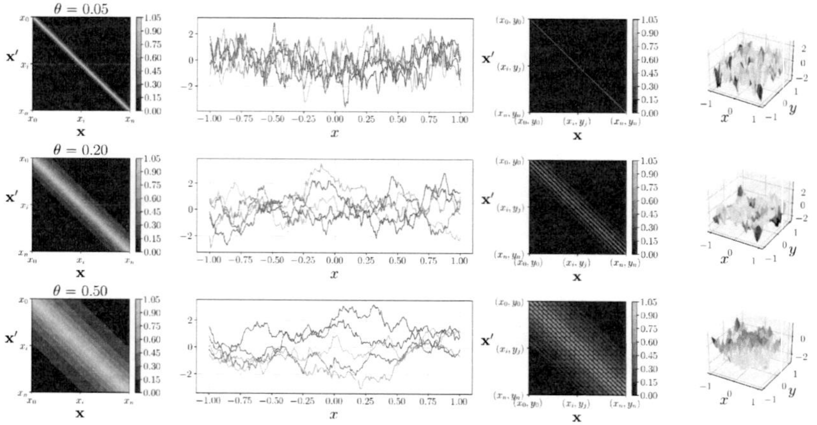

図 5.7　指数カーネル ($\theta = 0.1, 0.2, 0.5$)

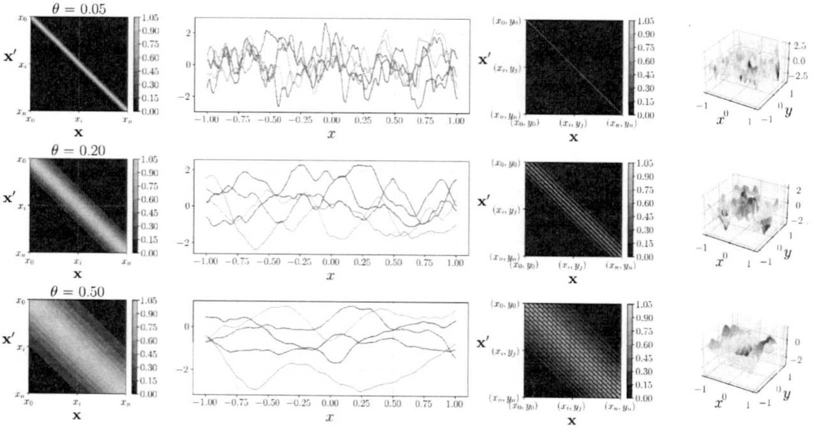

図 5.8　Matérn3 カーネル ($\theta = 0.1, 0.2, 0.5$)

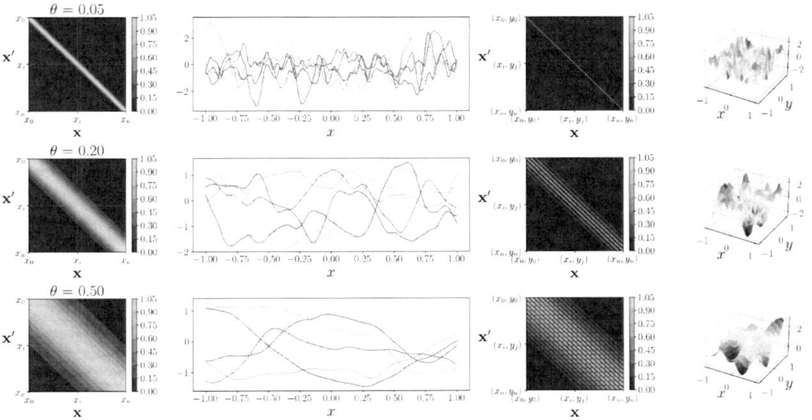

図 5.9 Matérn5 カーネル ($\theta = 0.1, 0.2, 0.5$)

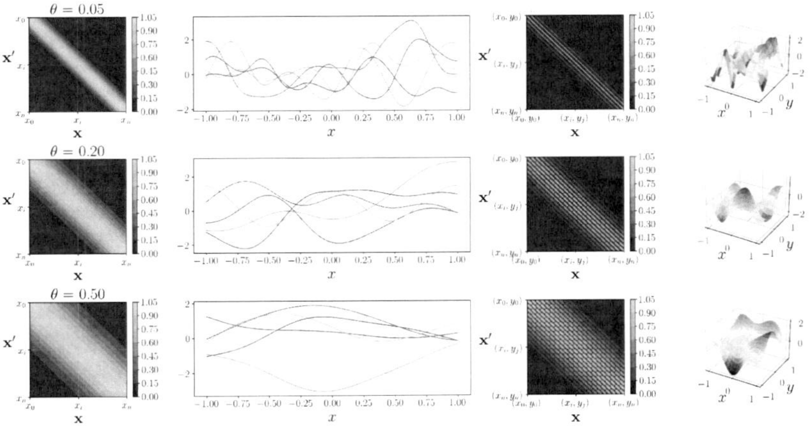

図 5.10 ガウスカーネル ($\theta = 0.1, 0.2, 0.5$)

5.3　ガウス過程回帰の導出

5.3.1　導出のシナリオ

5.1.6 項では，n 組の教師データ

$$\mathcal{D} = \{(\mathbf{x}_i,\, y_i) \,|\, i = 1, 2, \ldots, n\}$$

が与えられたとき，線形回帰モデルのガウス推定によって，新たなテスト入力 $\mathbf{x}_*$ に対する出力 f_* の予測分布は，n 次元のデータ空間で表される式 (5.16)

$$\begin{aligned} p\,(f_* \,|\, \mathbf{x}_*, \Phi, \mathbf{y}) = \mathcal{N}(f_* \,|\, &\boldsymbol{\phi}_*^{\mathsf{T}} \Sigma_p \Phi^{\mathsf{T}} (\mathrm{K} + {\sigma_n}^2\, \mathrm{I})^{-1} \mathbf{y}\,, \\ &\boldsymbol{\phi}_*^{\mathsf{T}} \Sigma_p \boldsymbol{\phi}_* - \boldsymbol{\phi}_*^{\mathsf{T}} \Sigma_p \Phi_*^{\mathsf{T}} (\mathrm{K} + {\sigma_n}^2\, \mathrm{I})^{-1} \Phi \Sigma_p \boldsymbol{\phi}_*) \end{aligned} \tag{5.28}$$

で求められることを示しました。

本節では，m 個のテスト入力

$$\mathrm{X}^* = ({\mathbf{x}_1}^*, {\mathbf{x}_2}^*, \ldots, {\mathbf{x}_m}^*)^{\mathsf{T}}$$

に対する出力

$$\mathbf{f}^* = (f({\mathbf{x}_1}^*), f({\mathbf{x}_2}^*), \ldots, f({\mathbf{x}_m}^*))^{\mathsf{T}} \tag{5.29}$$

の予測分布をガウス過程によって導出することにします。

5.3.2　予測分布導出の前提条件

以下の前提条件で線形回帰モデル $f(\mathbf{x})$ を構築したとき，

$$\begin{aligned} y &= f(\mathbf{x}) + \epsilon \\ f(\mathbf{x}) &= \mathbf{w}^{\mathsf{T}} \boldsymbol{\phi}(\mathbf{x}) \\ \epsilon &\sim \mathcal{N}(0, {\sigma_n}^2) \\ \mathbf{w} &\sim \mathcal{N}(\mathbf{0}, \Sigma_p) \end{aligned}$$

式 (5.19) から $\mathbf{f} = (f(\mathbf{x}_1), f(\mathbf{x}_2), \ldots, f(\mathbf{x}_n))^{\mathsf{T}}$ について

$$p\,(\mathbf{f}) = \mathcal{N}(\mathbf{f} \,|\, \mathbf{0},\, \Phi \Sigma_p \Phi^{\mathsf{T}}) = \mathcal{N}(\mathbf{f} \,|\, \mathbf{0},\, \mathrm{K}) \tag{5.30}$$

が成立し，また $\mathbf{y} = (y_1, y_2, \ldots, y_n)^\mathsf{T}$ について

$$p(\mathbf{y} \mid \mathbf{f}) = \mathcal{N}(\mathbf{y} \mid \mathbf{0}, {\sigma_n}^2 \mathrm{I}) \tag{5.31}$$

が成立します。この 2 つの分布から $\mathbf{y}$ の周辺分布は，

$$p(\mathbf{y}) = \int p(\mathbf{y} \mid \mathbf{f})\, p(\mathbf{f})\, d\mathbf{f} = \mathcal{N}(\mathbf{y} \mid \mathbf{0}, \mathrm{K} + {\sigma_n}^2 \mathrm{I}) \tag{5.32}$$

となります。行列 $\mathrm{K} + {\sigma_n}^2 \mathrm{I}$ は正定値行列であるので，$\mathbf{y}$ の同時確率はガウス過程に従うことになります。ここで，カーネル関数

$$k(\mathbf{x}, \mathbf{x}') = \boldsymbol{\phi}(\mathbf{x})^\mathsf{T} \Sigma_p \boldsymbol{\phi}(\mathbf{x}')$$

によるカーネルトリックを行うと，

$$\begin{pmatrix} y_1 \\ y_2 \\ \vdots \\ y_n \end{pmatrix} \sim \mathcal{N}\left(\begin{pmatrix} 0 \\ 0 \\ \vdots \\ 0 \end{pmatrix}, \begin{pmatrix} k(\mathbf{x}_1, \mathbf{x}_1) + {\sigma_n}^2 & k(\mathbf{x}_1, \mathbf{x}_2) & \cdots & k(\mathbf{x}_1, \mathbf{x}_n) \\ k(\mathbf{x}_2, \mathbf{x}_1) & k(\mathbf{x}_2, \mathbf{x}_2) + {\sigma_n}^2 & \cdots & k(\mathbf{x}_2, \mathbf{x}_n) \\ \vdots & \vdots & \ddots & \vdots \\ k(\mathbf{x}_n, \mathbf{x}_1) & k(\mathbf{x}_n, \mathbf{x}_2) & \cdots & k(\mathbf{x}_n, \mathbf{x}_n) + {\sigma_n}^2 \end{pmatrix} \right)$$

と表すことができます。

5.3.3 教師データとテストデータの同時分布

式 (5.32) は，n 次元の同時確率について成立し，カーネル行列 K とペナルティ項 ${\sigma_n}^2 \mathrm{I}$ によってガウス過程を構成しています。ガウス過程の定義から，任意の数の確率変数の同時分布についても多変量正規分布

$$\mathcal{N}(\mathbf{0}, \mathrm{K} + {\sigma_n}^2 \mathrm{I})$$

に従うことになります。

$\mathbf{y}$ と式 (5.29)で表される $\mathbf{f}^*$ の同時分布

$$\begin{aligned} (\mathbf{y}, \mathbf{f}^*)^\mathsf{T} &= (y_1, y_2, \ldots, y_n, f({\mathbf{x}_1}^*), f({\mathbf{x}_2}^*), \ldots, f(\mathbf{x}_m^*))^\mathsf{T} \\ &= (y_1, y_2, \ldots, y_n, {f_1}^*, {f_2}^*, \ldots, f_m^*)^\mathsf{T} \end{aligned} \tag{5.33}$$

は，$(n+m) \times (n+m)$ の共分散行列

$$\begin{pmatrix} k(\mathbf{x}_1,\mathbf{x}_1)+\sigma_n^2 & \cdots & k(\mathbf{x}_1,\mathbf{x}_n) & k(\mathbf{x}_1,\mathbf{x}_1^*) & \cdots & k(\mathbf{x}_1,\mathbf{x}_m^*) \\ \vdots & \ddots & \vdots & \vdots & \ddots & \vdots \\ k(\mathbf{x}_n,\mathbf{x}_1) & \cdots & k(\mathbf{x}_n,\mathbf{x}_n)+\sigma_n^2 & k(\mathbf{x}_n,\mathbf{x}_1^*) & \cdots & k(\mathbf{x}_n,\mathbf{x}_m^*) \\ k(\mathbf{x}_1^*,\mathbf{x}_1) & \cdots & k(\mathbf{x}_1^*,\mathbf{x}_n) & k(\mathbf{x}_1^*,\mathbf{x}_1^*) & \cdots & k(\mathbf{x}_1^*,\mathbf{x}_m^*) \\ \vdots & \ddots & \vdots & \vdots & \ddots & \vdots \\ k(\mathbf{x}_m^*,\mathbf{x}_1) & \cdots & k(\mathbf{x}_m^*,\mathbf{x}_n)+\sigma_n^2 & k(\mathbf{x}_m^*,\mathbf{x}_1^*) & \cdots & k(\mathbf{x}_m^*,\mathbf{x}_m^*) \end{pmatrix}$$

に従うことになり，

$$\left(\begin{array}{c} \mathbf{y} \\ \hdashline \mathbf{f}^* \end{array}\right) \sim \mathcal{N}\left(\left(\begin{array}{c} \mathbf{0} \\ \hdashline \mathbf{0} \end{array}\right), \left(\begin{array}{c:c} \mathrm{K}+\sigma_n^2\,\mathrm{I} & \mathbf{k}_* \\ \hdashline \mathbf{k}_*^{\mathsf{T}} & \mathbf{k}_{**} \end{array}\right)\right) \tag{5.34}$$

と表すことができます。ここで，

$$\begin{aligned} \mathrm{K}_{ij} &= k(\mathbf{x}_i,\, \mathbf{x}_j) & i&=1,\ldots,n,\ j=1,\ldots,n \\ \mathbf{k}_*(ij) &= k(\mathbf{x}_i,\, \mathbf{x}_j^*) & i&=1,\ldots,n,\ j=1,\ldots,m \\ \mathbf{k}_{**}(ij) &= k(\mathbf{x}_i^*,\, \mathbf{x}_j^*) & i&=1,\ldots,m,\ j=1,\ldots,m \end{aligned}$$

となります。$\mathbf{k}_{**}$ にノイズに起因する σ_n^2 の項が含まれていないことに留意してください。

ここで，付録の多変量正規分布の条件付き分布に関する以下の公式

（公式 5.3）多変量正規分布の条件付き分布

$\mathbf{y}_1$ と $\mathbf{y}_2$ の同時分布がガウス回帰

$$\left(\begin{array}{c} \mathbf{y}_1 \\ \hdashline \mathbf{y}_2 \end{array}\right) \sim \mathcal{N}\left(\left(\begin{array}{c} \boldsymbol{\mu}_1 \\ \hdashline \boldsymbol{\mu}_2 \end{array}\right), \left(\begin{array}{c:c} \Sigma_{11} & \Sigma_{12} \\ \hdashline \Sigma_{21} & \Sigma_{22} \end{array}\right)\right)$$

に従うとき，条件付き分布 $p\,(\mathbf{y}_2\,|\,\mathbf{y}_1)$ は

$$p\,(\mathbf{y}_2\,|\,\mathbf{y}_1) = \mathcal{N}(\mathbf{y}_2\,|\,\boldsymbol{\mu}_2 + \Sigma_{21}\Sigma_{11}^{-1}(\mathbf{y}_1-\boldsymbol{\mu}_1),\, \Sigma_{22}-\Sigma_{21}\Sigma_{11}^{-1}\Sigma_{12})$$

で与えられます。

において

$$
\begin{aligned}
\boldsymbol{\mu}_1 &= \mathbf{0} \\
\boldsymbol{\mu}_2 &= \mathbf{0} \\
\Sigma_{11} &= (\mathrm{K} + \sigma_n^2 \mathrm{I})^{-1} \\
\Sigma_{12} &= \mathbf{k}_* \\
\Sigma_{21} &= \mathbf{k}_*^\top \\
\Sigma_{11} &= \mathbf{k}_{**}
\end{aligned}
$$

を代入すると，予測値が複数の場合のガウス過程の予測分布を求めることができます。

（公式 5.4） 予測値が複数のガウス過程の予測分布

$$p(\mathbf{f}^* \mid \mathbf{y}) = \mathcal{N}(\mathbf{f}^* \mid \mathbf{k}_*^\top \Lambda_* \mathbf{y},\ \mathbf{k}_{**} - \mathbf{k}_*^\top \Lambda_* \mathbf{k}_*) \tag{5.35}$$

$$\Lambda_* = (\mathrm{K} + \sigma_n^2 \mathrm{I})^{-1} \tag{5.36}$$

ここで，Λ_* は $n \times n$ 精度行列です。

式 (5.35) に現れる $\mathbf{f}^*$ を f_* に置き換えると（$m = 1$ とする），式 (5.35) と式 (5.28) の線形回帰モデルの予測分布とは等価であることを示すことができます。

（性質 5.1） ガウス過程回帰と線形回帰の関係

ガウス過程回帰モデルは線形回帰モデルを包含しています。

ガウス過程の共分散行列 K の次元は，線形回帰モデルでは特徴ベクトルの次元，すなわち基底関数 $\boldsymbol{\phi}(\mathbf{x})$ の数 $N+1$ で決まりました。一方，ガウス過程回帰モデルでは，教師データの要素数 n で決まります。このことから，ガウス過程回帰モデルの 2 つの優位性を示すことができます。

まず，ガウス回帰モデルによる予測の処理速度は，共分散行列の逆行列を求める際の計算負荷が最大のボトルネックになるので，$n < N+1$ であればガウス過程回帰の方が高速に計算することができます。

また，ガウス過程回帰モデルでは $n \ll m$ であっても成立し，少数の教師データから多数のテストデータの予測分布を求めることができます。

5.3.4　予測分布の事前分布と事後分布

公式 5.1 と公式 5.2 を使い，2 つのカーネル関数の定数倍の和によってカーネル関数を構成することにします。

$$k_{\boldsymbol{\vartheta}}(\mathbf{x},\mathbf{x}') = \theta_1 \exp\left(-\frac{\|\mathbf{x}-\mathbf{x}'\|^2}{\theta_2}\right) + \theta_3 \delta(\mathbf{x},\mathbf{x}')$$

$\theta_1 = \sigma_f^2 > 0$　　カーネル関数の振幅の分散

$\theta_2 = 2\,\ell^2 > 0$　　ℓ：特性長スケール

$\theta_3 = \sigma_n^2 > 0$　　ノイズの振幅の分散

ここで，ハイパーパラメータを $\boldsymbol{\vartheta} = (\theta_1, \theta_2, \theta_3) = (1.0,\ 1.0,\ 0.01)$ と固定し，教師データセット

$$\mathcal{D} = \{(-1,-5),(-3,-1),(0,-2),(2.5,3),(4,1)\}$$

から $0 \sim 5$ 組の教師データを順次与えたとき，カーネル行列と予測分布の変化の様子を図 5.11 に示します。ここでは，テスト入力として区間 $[-5,5]$ を間隔 0.05 で分割した 201 点のグリッドにおける予測分布をプロットしています。

$n = 0$ のとき，ガウス過程 $\mathcal{N}(\mathbf{0}, \mathrm{K} + \sigma_n^2 \mathrm{I})$ は，$\mathbf{f}^*$ の事前分布を与えていることになります。$\times$ 印で示す教師データ (x_i, y_i) が与えられるごとに $\mathbf{f}^*$ の予測分布 $p\,(\mathbf{f}^* \mid \mathbf{y})$ が更新されていく様子が示されています。5.2.4 項で紹介したようにガウス過程は関数発生器でした。教師データが与えられると，ハイパーパラメータが固定されているためガウス過程は一意的に決まり，事後分布も一意的に決まります。$p\,(\mathbf{f}^* \mid \mathbf{y})$ が従うガウス過程の 201×201 カーネル行列を図 5.11（左）の等高線プロットで示します。

実線で示す事後分布の平均，網掛けで示す信頼区間 95.5 %$(\mu \pm 2\sigma)$，そして事後分布からランダムサンプリングによって求めた 5 組の分布を点線で図 5.11 の右にプロットしています。サンプリング結果の大半が，信頼区間 95.5 % の範囲に含まれていることが分かります。

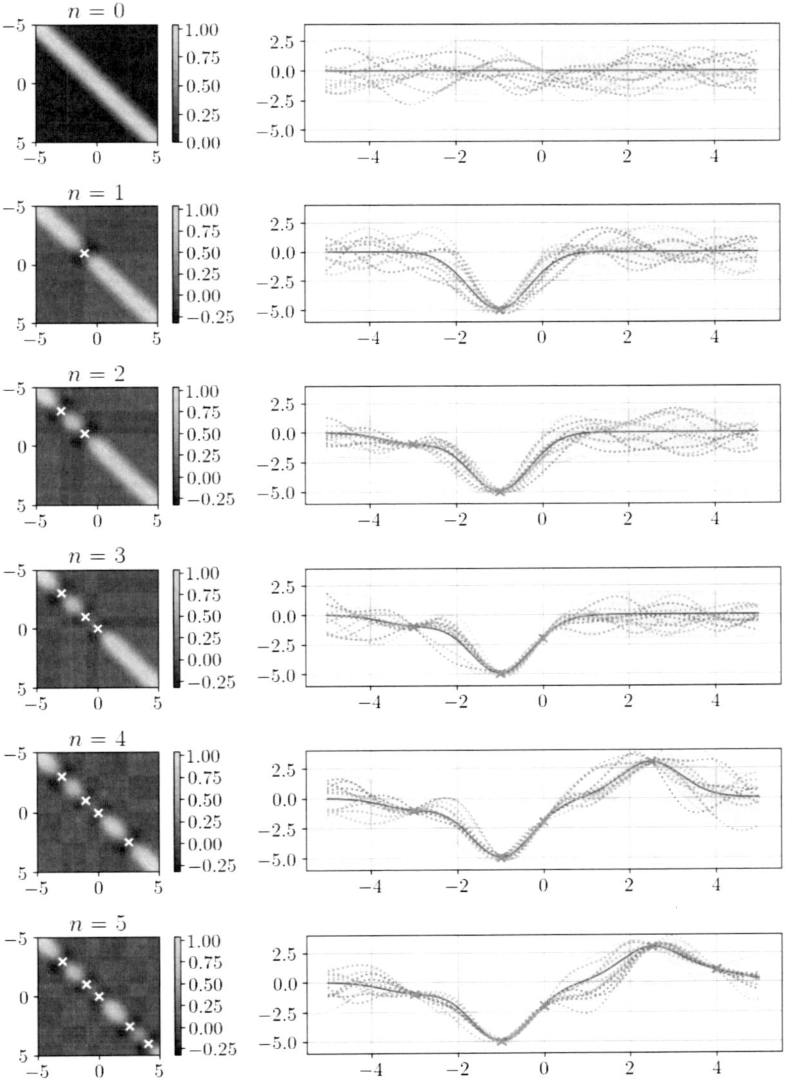

図 5.11　教師データ数 n に対応したカーネル行列と予測分布の変化

5.3.5　カーネル関数と潜在関数

式 (5.35) は，教師データ $\mathcal{D}$ とテスト入力 $\mathrm{X}^* = (\mathbf{x}_1^*, \mathbf{x}_2^*, \ldots, \mathbf{x}_m^*)^\top$ が与えられたときの $\mathbf{f}^*$ の予測分布を求める式です。特定のテスト入力 $\mathbf{x}^*$ に対するガウス過程の潜在関数 $f^* = f(\mathbf{x}^*)$ の予測分布は，

$$\begin{aligned}\mathbb{E}\left[f^* \mid \mathbf{x}^*, \mathcal{D}, \sigma_n^2\right] &= \mathbf{k}_*^\top \Lambda\, \mathbf{y} \\ &= \sum_{i=1}^{n} k(\mathbf{x}^*, \mathbf{x}_i) \left(\sum_{j=1}^{n} \Lambda_{ij} y_j \right) \end{aligned} \tag{5.37}$$

となります。式 (5.37) の () で囲まれた項は $\mathcal{D}$ と σ_n^2 が与えられれば定数になり，

$$\alpha_i = \sum_{j=1}^{n} \Lambda_{ij} y_j$$

とすると，

$$\mathbb{E}\left[f^*\right] = \sum_{i=1}^{n} \alpha_i k(\mathbf{x}^*, \mathbf{x}_i)$$

という関係を得ることができます。

この式が意味することは，『テスト入力 $\mathbf{x}^*$ を変数とするカーネル関数 $k(\mathbf{x}^*, \cdot)$ の教師データで決まる係数の重み付き和で f^* の期待値を求めることができる』ということです。ガウス過程の潜在関数とカーネル関数との関係を**リプリゼンター定理** (representer theorem) といいます。

5.4　ガウス過程回帰の課題

単回帰モデルから出発したここまでのアプローチは，図 5.12 に示すように，データ空間から特徴ベクトルで特徴空間に写像，さらに特徴ベクトルの内積をカーネル関数とすることでで，確率過程の潜在関数の構造を解析することと捉えることができます。

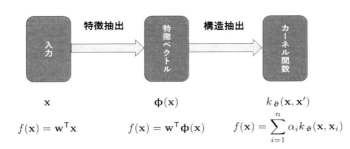

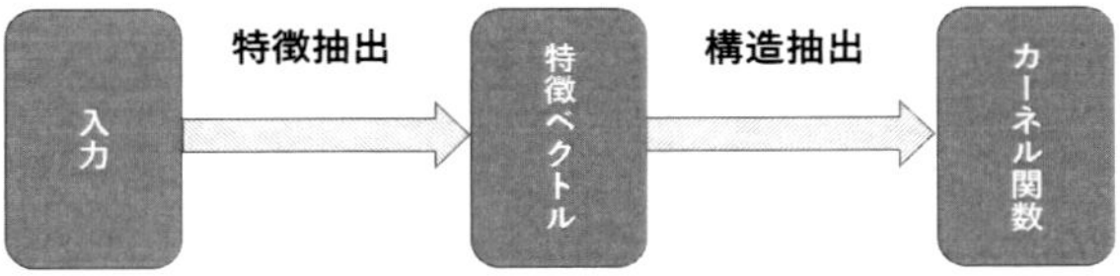

$\mathbf{x}$ 　 $\boldsymbol{\phi}(\mathbf{x})$ 　 $k_{\boldsymbol{\vartheta}}(\mathbf{x}, \mathbf{x}')$

$f(\mathbf{x}) = \mathbf{w}^\top \mathbf{x}$ 　 $f(\mathbf{x}) = \mathbf{w}^\top \boldsymbol{\phi}(\mathbf{x})$ 　 $f(\mathbf{x}) = \sum_{i=1}^{n} \alpha_i k_{\boldsymbol{\vartheta}}(\mathbf{x}, \mathbf{x}_i)$

$(\mathrm{X}^\top \mathrm{X} + {\sigma_n}^2 \mathrm{I})\mathbf{w} = \mathrm{X}^\top \mathbf{y}$ 　 $(\Phi^\top \Phi + {\sigma_n}^2 \mathrm{I})\mathbf{w} = \Phi^\top \mathbf{y}$ 　 解析的に解くことができない

図 5.12　特徴抽出と構造抽出

この図が示すように，データ空間と特徴空間では，重みパラメータ $\mathbf{w}$ についての正規方程式を解析的に解くことができました。しかし，カーネル関数によって構築されるガウス過程では，カーネル関数を特徴付けるハイパーパラメータの集合 $\boldsymbol{\vartheta}$ は非線形なパラメータとなっているため，解析的に求めることはできません。

ガウス過程を回帰モデルに適用したガウス過程回帰は，自由度の高い回帰モデルを構築することができるという優れた特長をもっていますが，以下の課題を解決することが求められます。

- 適切なカーネル関数をどのように選択すればよいか
- 最適なハイパーパラメータをどのように求めればよいか

次章以降で，これらの課題に対応する手法について詳しく紹介します。

コラム：ガウス過程回帰とニューラルネットワーク

式 (5.35) で与えられる予測分布の平均

$$\mathbb{E}\left[\mathbf{f}^*\right] = \mathbf{k}_*^\top \Lambda\, \mathbf{y}$$

は式 (5.37) で表されましたが，以下のように変形することもできます。

$$\begin{aligned}\mathbb{E}\left[\mathbf{f}^*\right] &= \sum_{j=1}^{n}\sum_{i=1}^{n} k(\mathbf{x}^*, \mathbf{x}_j)\Lambda_{ij} y_i \\ &= \sum_{i=1}^{n} y_i \left(\sum_{j=1}^{n} \Lambda_{ij} k(\mathbf{x}^*, \mathbf{x}_j)\right)\end{aligned}$$

この結果が意味することは，ガウス過程による予測分布の平均は，教師データ y_i を

$$\sum_{j=1}^{n} \Lambda_{ij} k(\mathbf{x}^*, \mathbf{x}_j)$$

で重み付けた重み付け和で表されることです。この構造は図 5.13 の左側のネットワーク表現で表され，右側の 1 層のニューラルネットワークと同じ構造であることが分かります。

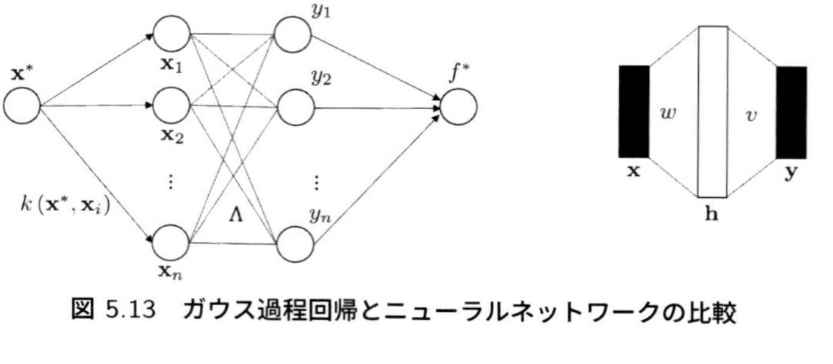

図 5.13　ガウス過程回帰とニューラルネットワークの比較

第6章

ハイパーパラメータの学習

前章でガウス過程回帰の主役は，カーネル関数とハイパーパラメータであることが示されました。本章では，最適なハイパーパラメータを推定する方法について議論します。

6.1　ハイパーパラメータの特性

線形回帰モデルでは，潜在関数は重みパラメータと特徴ベクトルの線形結合で表すことができました。平均二乗平方根誤差（rms 誤差）を最小化することで導かれる正規方程式を解析的に解いて重みパラメータを求めることができました。

一方，ガウス過程回帰モデルでは，潜在関数はカーネル関数の線形結合で表されますが，カーネル関数を特徴付けるハイパーパラメータについては非線形な関係となっているため，線形回帰モデルのように正規方程式を導出することができません。しかし，ベイズ推定では事後分布の最大化と尤度関数の最大化は等価であることが示されました。そこで，ハイパーパラメータを最適化するための指標として対数尤度関数を最大化する最尤推定法を採用することにします。

教師データセットを $(\mathrm{X}, \mathbf{y})$，ハイパーパラメータベクトル $\boldsymbol{\vartheta}$ を確率変数としたベイズ推定は，

$$p\,(\boldsymbol{\vartheta}\,|\,\mathbf{y}, \mathrm{X}) = \frac{p\,(\mathbf{y}\,|\,\mathrm{X}, \boldsymbol{\vartheta})\,p\,(\boldsymbol{\vartheta})}{p\,(\mathbf{y}\,|\,\mathrm{X})}$$

で，尤度関数は

$$\begin{aligned} p\,(\mathbf{y}\,|\,\mathrm{X}, \boldsymbol{\vartheta}) &= \mathcal{N}(\mathbf{y}\,|\,\mathbf{0}, \mathrm{K}_{\boldsymbol{\vartheta}}) \\ &= \frac{1}{(2\pi)^{n/2}}\frac{1}{|\mathrm{K}_{\boldsymbol{\vartheta}}|^{1/2}}\exp\left(-\frac{1}{2}\mathbf{y}^{\mathsf{T}}\mathrm{K}_{\boldsymbol{\vartheta}}^{-1}\mathbf{y}\right) \end{aligned} \tag{6.1}$$

で与えられます。ここで，$\mathrm{K}_{\boldsymbol{\vartheta}}$ は説明変数 $\mathrm{X} = (\mathbf{x}_1, \ldots, \mathbf{x}_n)^{\mathsf{T}}$ とカーネル関数から構成されるカーネル行列です。式 (6.1) の尤度関数から得られる対数尤度関数

$$\mathcal{L}(\boldsymbol{\vartheta}) = -(n\log 2\pi + \log|\mathrm{K}_{\boldsymbol{\vartheta}}| + \mathbf{y}^{\mathsf{T}}\mathrm{K}_{\boldsymbol{\vartheta}}^{-1}\mathbf{y})/2 \tag{6.2}$$

を最大化する $\boldsymbol{\vartheta}$ を推定することがハイパーパラメータの学習です。

式 (6.3) のカーネル関数と 2.4 節で使用した図 2.6 の教師データセットを例に，ハイパーパラメータを変化させたときのガウス過程回帰モデルの予測分布と対数尤度を求め，その結果を図 6.1 と図 6.2 に示します。

$$k_{\boldsymbol{\vartheta}}(\mathbf{x}, \mathbf{x}') = \theta_1 \exp\left(-\frac{\|\mathbf{x} - \mathbf{x}'\|^2}{\theta_2}\right) + \theta_3 \delta(\mathbf{x}, \mathbf{x}') \tag{6.3}$$

カーネル関数の振幅を変化させた場合

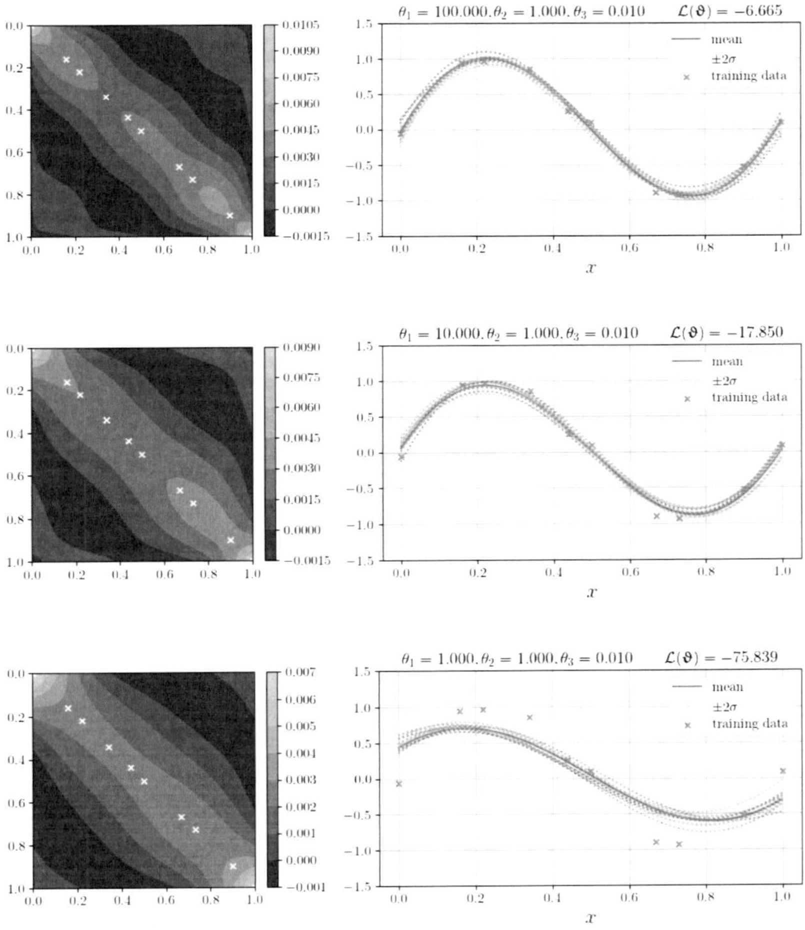

図 6.1 $\theta_1 = 100, 10, 1$ に対応したカーネル行列と予測分布の変化

カーネル関数のスケール長を変化させた場合

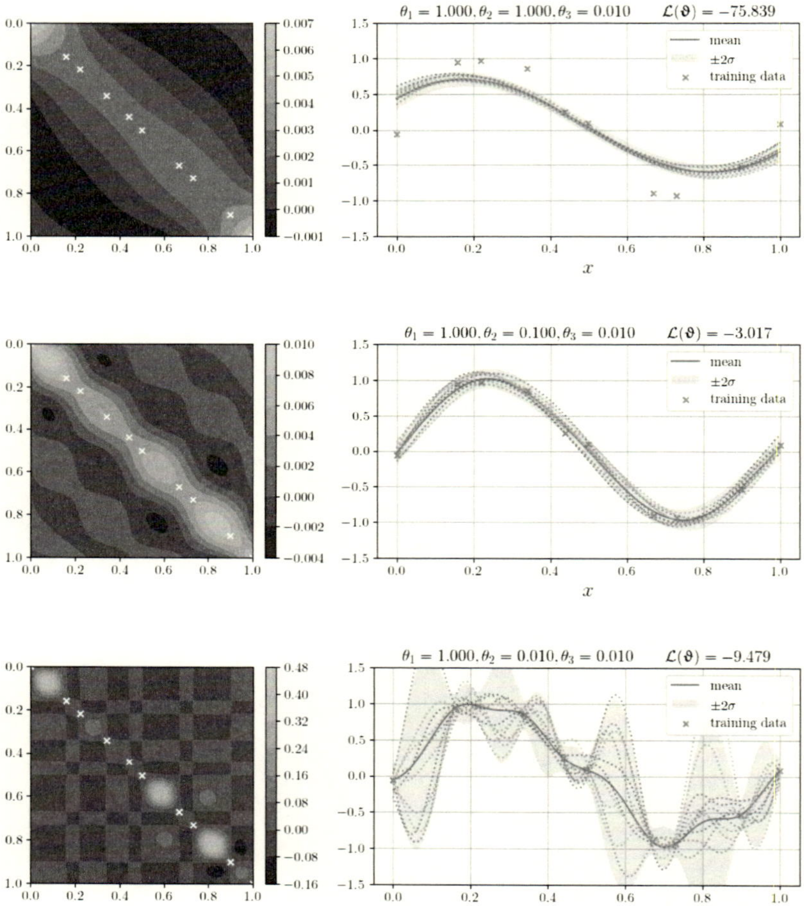

図 6.2　$\theta_2 = 1, 0.1, 0.01$ **に対応したカーネル行列と予測分布の変化**

6.2 最尤推定のナイーブなアプローチ

前節では，3 つのハイパーパラメータのうち 1 つを変化させたときの事後分布の変化を示しました。この例では，図 6.2（中）の場合が対数尤度が -3.017 で最大となっていますが，ハイパーパラメータのサンプリングが非常に粗いため，最適な予測分布である保証はありません。そこで，ハイパーパラメータベクトル $\boldsymbol{\vartheta}$ が構成する 3 次元空間で対数尤度 $\mathcal{L}(\boldsymbol{\vartheta})$ の分布を求め，$\mathcal{L}(\boldsymbol{\vartheta})$ が最大となる点を求めるナイーブなアプローチで最尤推定を行います。

$\theta_i > 0$ であるので，$\log \theta_i$ が構成する 3 次元空間で以下のアルゴリズムによって最尤推定を行います。対数尤度の最大値を探索する領域を絞り込む処理を 5 回繰り返した結果を図 6.3 に示します。

ナイーブなアプローチのアルゴリズム

(0) span = (5, 5, 5), log_theta = (0, 0, 0) と初期化

(1) ステップ (2)〜(5) を 5 回繰り返す

(2) 区間 [log_theta-span, log_theta+span] を 40 等分し，$41 \times 41 \times 41$ のグリッドを生成

(3) log_theta = 対数尤度が最大値 LLmax となるグリッドを探索

(4) Theta = exp (log_theta) を計算

(5) span = span/4 を計算

```
iteration 1 --> Theta=[1.00000, 0.13534, 0.00865], LLmax =-2.66511
iteration 2 --> Theta=[0.82903, 0.12714, 0.00813], LLmax =-2.63813
iteration 3 --> Theta=[0.82903, 0.12714, 0.00788], LLmax =-2.63729
iteration 4 --> Theta=[0.82580, 0.12664, 0.00788], LLmax =-2.63729
iteration 5 --> Theta=[0.82660, 0.12676, 0.00789], LLmax =-2.63729
```

図 6.3 5 回の繰り返しでの推定結果ログ

この結果ログからは，ハイパーパラメータは 4 回の繰り返し，対数尤度は 3 回の繰り返しで最大値 -2.637 に収束していることが分かります。図 6.4〜図 6.6 に 1 回，3 回，5 回の繰り返しで得られた対数尤度の 2 次元・3 次元分布と得られた回帰モデルの予測分布を示します。

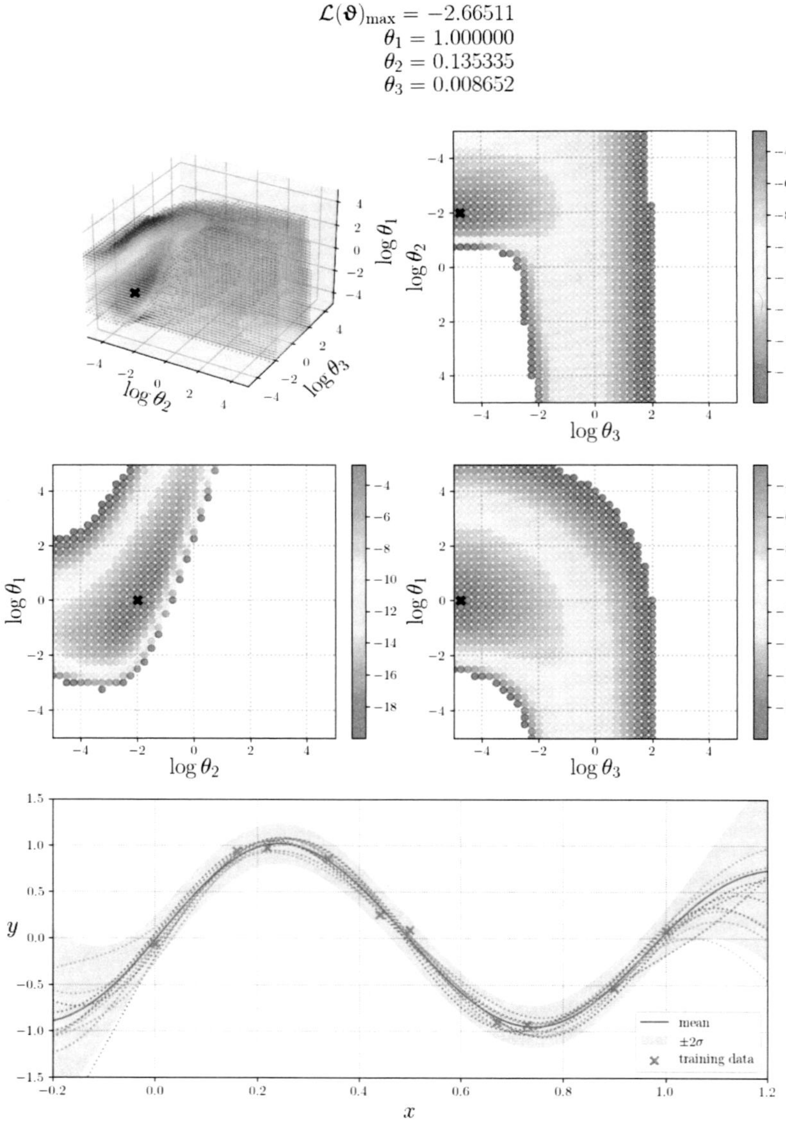

図 6.4　1 回の繰り返しで得られたの推定結果と予測分布

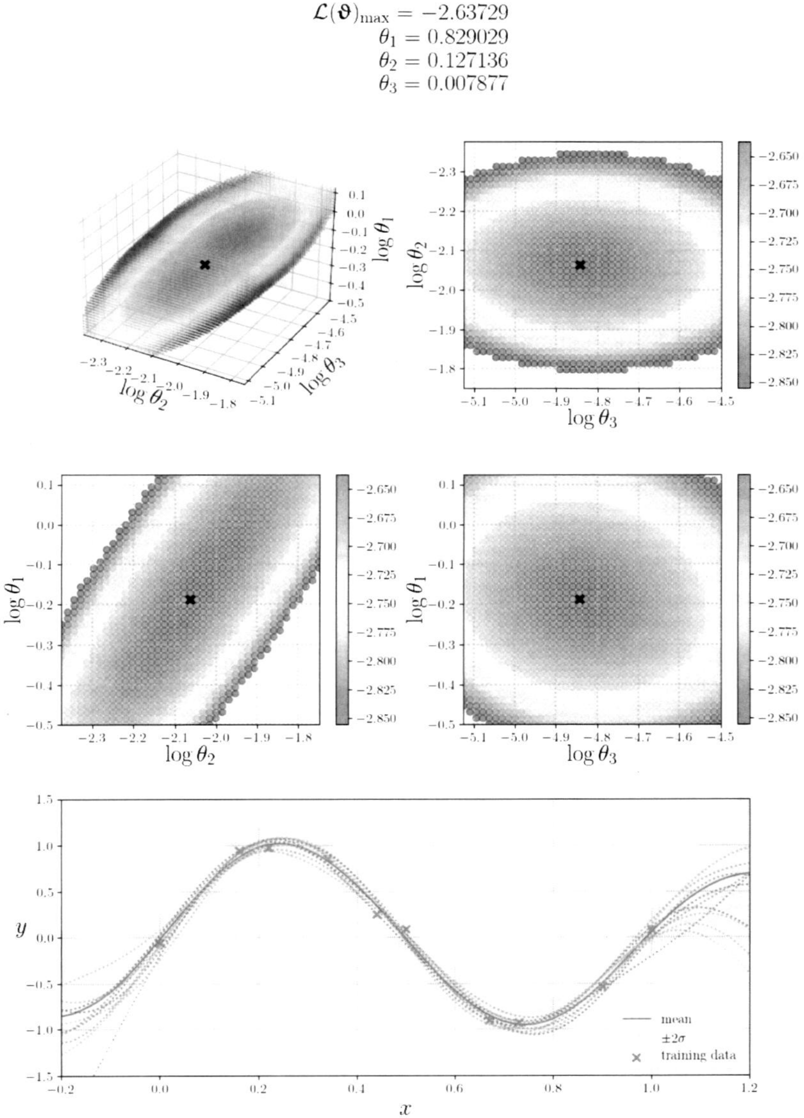

図 6.5　3 回の繰り返しで得られたの推定結果と予測分布

$$\mathcal{L}(\boldsymbol{\vartheta})_{\max} = -2.63729$$
$$\theta_1 = 0.826604$$
$$\theta_2 = 0.126764$$
$$\theta_3 = 0.007885$$

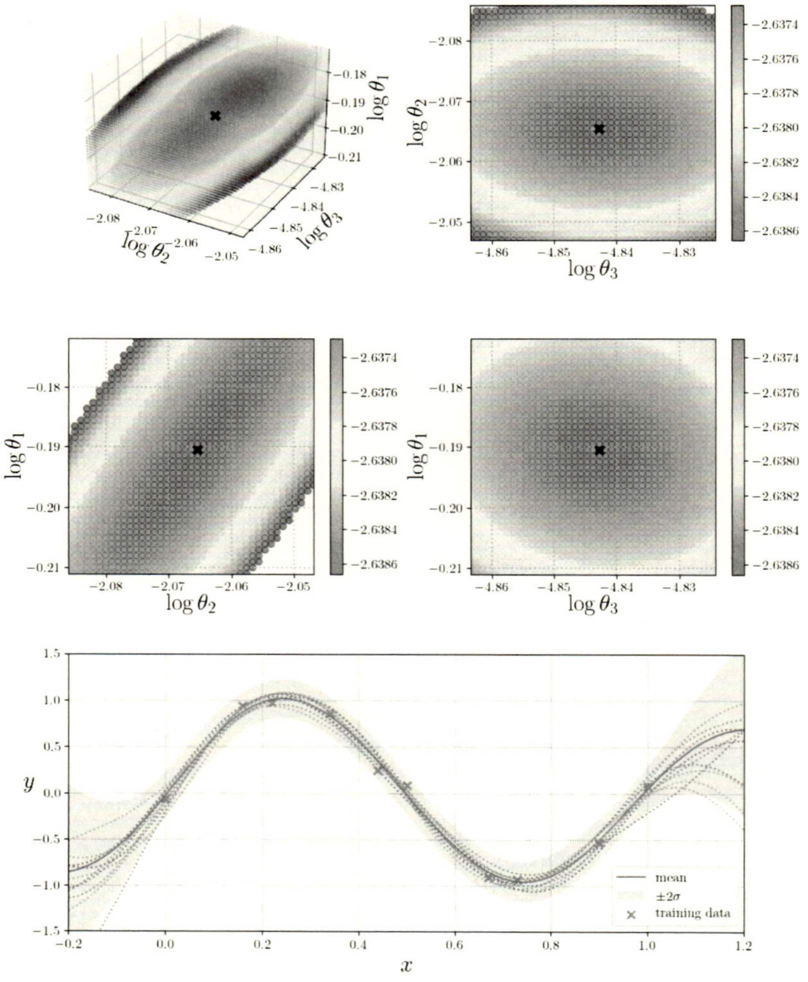

図 6.6　5 回の繰り返しで得られたの推定結果と予測分布

6.3 ハイパーパラメータの最適化

前節で紹介したナイーブな推定アプローチでは，繰り返しごとに 10×10 カーネル行列 K_ϑ の逆行列と行列式を $41^3 = 68,921$ のサンプリング点で求める必要があり，計算負荷が大きくなってしまいます。

より計算効率の良いアプローチとして，大別すると以下の 2 つの手法が提案されています。

- ランダムサンプリング法
  - 単純モンテカルロ法
  - マルコフ連鎖モンテカルロ法（MCMC 法）
- 勾配法
  - 最急降下法
  - 共役勾配法（CG 法）
  - BFGS 法
  - L-BFGS 法

単純モンテカルロ法は，前節の等間隔サンプリング点の代わりにサンプリング点を乱数発生によって決定する手法です。ハイパーパラメータ空間が高次元になると，一様分布の乱数発生では効率が良くありません。そこで，カーネル関数と教師データが与えられると式 (6.2) の対数尤度 $\mathcal{L}(\vartheta)$ の分布を求めることができる事実を利用することを考えます。**MCMC 法** (Markov chain Monte Carlo method) は，一言でいうと『目的とする分布（この場合には対数尤度の分布）に従う乱数を発生させる』アルゴリズムです。

一方，勾配法は対数尤度 $\mathcal{L}(\vartheta)$ を $\theta \in \vartheta$ で微分して得られる勾配を利用し，色々な最適化アルゴリズムと組み合わせることで山登りをするように分布の最大点を求める手法です。

6.4　MCMC 法

6.4.1　マルコフ連鎖

マルコフ連鎖 (Markov chain) とガウス過程の大きな違いは

- ガウス過程では確率変数の順序は規定していませんが，マルコフ過程では系列として扱います。
- その上で，未来の確率分布は直近の確率分布の条件付き分布で与えます（大昔の分布は無視します）。

で，以下のように定義されます。

（定義 6.1）マルコフ連鎖

確率変数の系列 $\mathbf{x}_1, \ldots, \mathbf{x}_M$ について，$m \in \{1, \ldots, M-1\}$ に対して

$$p\left(\mathbf{x}_{m+1} \,|\, \mathbf{x}_1, \ldots, \mathbf{x}_m\right) = p\left(\mathbf{x}_{m+1} \,|\, \mathbf{x}_m\right)$$

そこで，最適解は過去のサンプリングの近傍に存在する確率が高いと想定し，マルコフ連鎖によって次のサンプリングを行う分布を決定するアルゴリズムが MCMC 法です。

6.4.2　MCMC のアルゴリズム

MCMC 法の代表的なアルゴリズムとして，ハミルトニアン・モンテカルロ法，ギブズサンプリング法，スライスサンプリング法などが提唱されていますが，以下に代表的なメトロポリス・ヘイスティング法のアルゴリズムを紹介します。

メトロポリス・ヘイスティング法のアルゴリズム

(0)　初期値 ϑ_0 を設定する。

(1)　ステップ (2)〜(4) を M 回繰り返す。

(2)　現在の ϑ_i の近傍に ϑ_{i+1} を生成し，$r = \mathcal{L}(\vartheta_{i+1})/\mathcal{L}(\vartheta_i)$ を求める。

(3)　区間 $[0, 1]$ の一様分布から乱数 u_0 を生成する。

(4) $r > 1$ または $r > u_0$ であれば，$\boldsymbol{\vartheta}_{i+1}$ と $\mathcal{L}(\boldsymbol{\vartheta}_{i+1})$ を系列に加える。

ステップ 2 において $\boldsymbol{\vartheta}_{i+1}$ をサンプリングする分布を**提案分布** (proposal distribution) といい，ステップ 4 の処理を**棄却サンプリング** (rejection sampling) と呼びます。提案分布を生成する方法として，平均 **0**，分散 $({\sigma_1}^2, {\sigma_2}^2, {\sigma_3}^2)$ の多変量正規分布からランダムサンプリングして $\Delta\boldsymbol{\vartheta}$ を求め，

$$\log \boldsymbol{\vartheta}_{i+1} = \log \boldsymbol{\vartheta}_i + {\sigma_\theta}^2 \cdot \Delta\boldsymbol{\vartheta} \tag{6.4}$$

とする場合を想定することにします。

まず，式 (6.3) のカーネル関数でガウス過程を構築します。そして，初期値 $\boldsymbol{\vartheta}_0$，提案分布の分散 $({\sigma_1}^2, {\sigma_2}^2, {\sigma_3}^2)$，そしてステップ幅 ${\sigma_\theta}^2$ を適宜選択し，上記のアルゴリズムを 40,000 回繰り返して得られた対数尤度 $\mathcal{L}(\boldsymbol{\vartheta})$ とハイパーパラメータ $\boldsymbol{\vartheta}$ の系列を図 6.7 に示します。

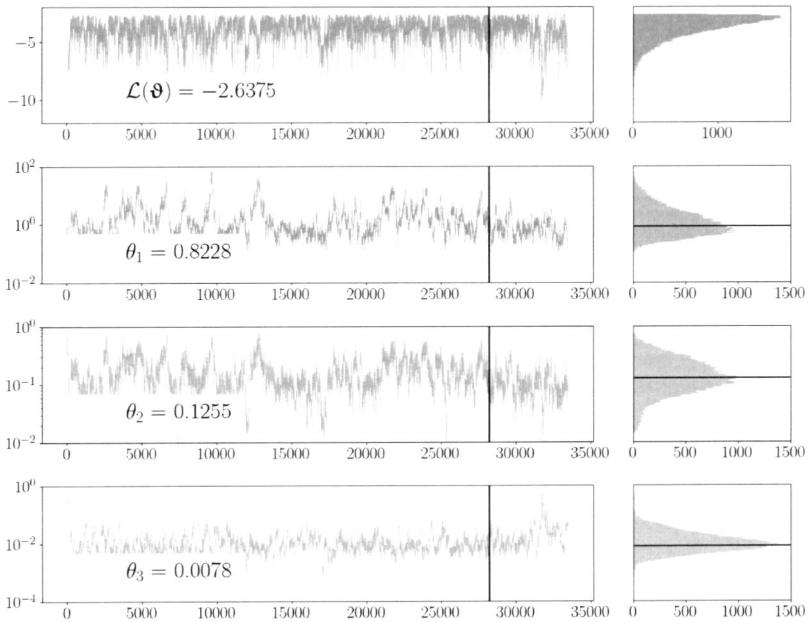

図 6.7　対数尤度とハイパーパラメータ系列の推移

左側の折れ線プロットは系列の推移状況を示し，縦の線は $\mathcal{L}(\vartheta)$ が最大となる点を示しています。右側プロットは系列のヒストグラムを，横線は ϑ^* を示しています。系列長さから約 $6,500$ 個の提案分布が棄却されていることが分かります。

図 6.6 のナイーブな推定方法で得られた結果と MCMC による推定結果を表 6.1 にまとめます。これらの結果はよく一致していることが分かります。

表 6.1　ナイーブな手法と MCMC 法による推定結果

	ナイーブな手法	MCMC 法
θ_1	0.82660	0.82277
θ_2	0.12676	0.12549
θ_3	0.007885	0.007847
$\mathcal{L}(\vartheta)_{\max}$	-2.6373	-2.6375

また，図 6.8 に求められたハイパーパラメータ系列を 3 次元空間における散布図として示します。カラーバーで示す対数尤度の分布に従うランダムサンプリングが適切に行われていることが分かります。

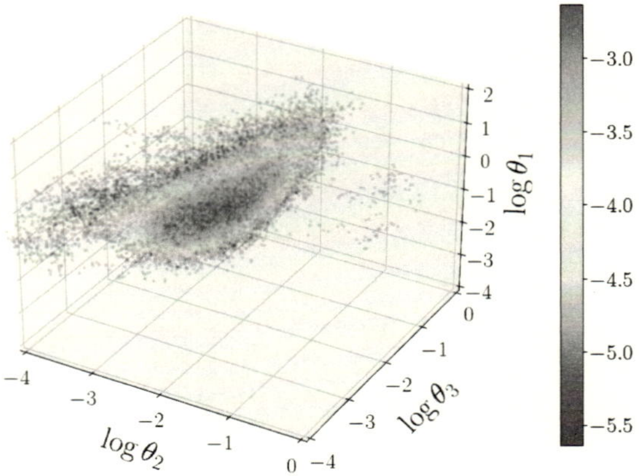

図 6.8　ハイパーパラメータ系列の 3 次元分布

6.5　勾配を利用した様々な最適化問題

6.5.1　勾配の導出

行列に関する公式集 [19] の (40) と (43)

$$\partial \mathrm{X}^{-1} = -\mathrm{X}^{-1}(\partial \mathrm{X})\mathrm{X}^{-1}$$
$$\partial \log|\mathrm{X}| = \mathrm{Tr}\,(\mathrm{X}^{-1}\partial \mathrm{X})$$

を適用し，対数尤度 $\mathcal{L}(\boldsymbol{\vartheta})$ を $\theta \in \boldsymbol{\vartheta}$ で微分すると，

$$\begin{aligned}\frac{\partial \mathcal{L}(\boldsymbol{\vartheta})}{\partial \theta} &= \frac{\partial}{\partial \theta}(-\log|\mathrm{K}_{\boldsymbol{\vartheta}}| - \mathbf{y}^{\mathsf{T}}\mathrm{K}_{\boldsymbol{\vartheta}}^{-1}\mathbf{y}) \\ &= -\mathrm{Tr}\left(\mathrm{K}_{\boldsymbol{\vartheta}}^{-1}\frac{\partial \mathrm{K}_{\boldsymbol{\vartheta}}}{\partial \theta}\right) + \mathbf{y}^{\mathsf{T}}\mathrm{K}_{\boldsymbol{\vartheta}}^{-1}\frac{\partial \mathrm{K}_{\boldsymbol{\vartheta}}}{\partial \theta}\mathrm{K}_{\boldsymbol{\vartheta}}^{-1}\mathbf{y} \\ &= -\mathrm{Tr}\left(\mathrm{K}_{\boldsymbol{\vartheta}}^{-1}\frac{\partial \mathrm{K}_{\boldsymbol{\vartheta}}}{\partial \theta}\right) + (\mathrm{K}_{\boldsymbol{\vartheta}}^{-1}\mathbf{y})^{\mathsf{T}}\frac{\partial \mathrm{K}_{\boldsymbol{\vartheta}}}{\partial \theta}\mathrm{K}_{\boldsymbol{\vartheta}}^{-1}\mathbf{y} \qquad (6.5)\end{aligned}$$

が得られ，カーネル行列 $\mathrm{K}_{\boldsymbol{\vartheta}}$ の微分を求める必要があります。また，式 (6.5) は，任意のカーネル関数について成立し，カーネル関数を構成するハイパーパラメータの数にも制約がなく，勾配法における重要な表現です。

そこで，カーネル関数を

$$k(\mathbf{x}_i, \mathbf{x}_j \mid \boldsymbol{\vartheta}) = \theta_1 \exp\left(-\frac{\|\mathbf{x}_i - \mathbf{x}_j\|^2}{\theta_2}\right) + \theta_3\delta_{ij} \qquad (6.6)$$

としたとき，ハイパーパラメータ $\theta_1, \theta_2, \theta_3$ はすべて正値という制約条件が付きますが，変数変換

$$\eta_1 = \log\theta_1, \qquad \eta_2 = \log\theta_2, \qquad \eta_3 = \log\theta_3$$

を施すことで，制約条件を排除することができます。変数変換後のカーネル関数

$$k(\mathbf{x}_i, \mathbf{x}_j \mid \boldsymbol{\eta}) = \mathrm{e}^{\eta_1} \exp\left(-\frac{\|\mathbf{x}_i - \mathbf{x}_j\|^2}{\mathrm{e}^{\eta_2}}\right) + \mathrm{e}^{\eta_3}\delta_{ij} \qquad (6.7)$$

を η_1, η_2, η_3 で微分すると，

$$\frac{\partial k(\mathbf{x}_i, \mathbf{x}_j \mid \boldsymbol{\eta})}{\partial \eta_1} = \mathrm{e}^{\eta_1} \exp\left(-\frac{\|\mathbf{x}_i - \mathbf{x}_j\|^2}{\mathrm{e}^{\eta_2}}\right)$$

$$
\begin{aligned}
\frac{\partial k(\mathbf{x}_i, \mathbf{x}_j \mid \boldsymbol{\eta})}{\partial \eta_2} &= \mathrm{e}^{\eta_1} \exp\left(-\frac{\|\mathbf{x}_i - \mathbf{x}_j\|^2}{\mathrm{e}^{\eta_2}}\right) \cdot \frac{\partial}{\partial \eta_2}\left(-\frac{\|\mathbf{x}_i - \mathbf{x}_j\|^2}{\mathrm{e}^{\eta_2}}\right) \\
&= \mathrm{e}^{\eta_1} \exp\left(-\frac{\|\mathbf{x}_i - \mathbf{x}_j\|^2}{\mathrm{e}^{\eta_2}}\right) \mathrm{e}^{-\eta_2} \|\mathbf{x}_i - \mathbf{x}_j\|^2 \\
\frac{\partial k(\mathbf{x}_i, \mathbf{x}_j \mid \boldsymbol{\eta})}{\partial \eta_3} &= \mathrm{e}^{\eta_3} \delta_{ij}
\end{aligned}
\tag{6.8}
$$

が得られます。この結果カーネル行列 $\mathrm{K}_{\boldsymbol{\eta}}$ の $\eta_k \in \boldsymbol{\eta}$ による微分 $\partial \mathrm{K}_{\boldsymbol{\eta}} / \partial \eta_k$ が解析的に求められたので，η_k による対数尤度の微分も解析的に求まることになります。

$$
\frac{\partial \mathcal{L}(\boldsymbol{\eta})}{\partial \eta_k} = -\mathrm{Tr}\left(\mathrm{K}_{\boldsymbol{\eta}}^{-1} \frac{\partial \mathrm{K}_{\boldsymbol{\eta}}}{\partial \eta_k}\right) + (\mathrm{K}_{\eta}^{-1} \mathbf{y})^{\top} \frac{\partial \mathrm{K}_{\boldsymbol{\eta}}}{\partial \eta_k} \mathrm{K}_{\boldsymbol{\eta}}^{-1} \mathbf{y} \tag{6.9}
$$

6.5.2　最適化問題の定義

本節では，勾配を利用して非線形関数の極大あるいは極小解を求める最適化問題を紹介します。一般性を失わないように，最適化問題を以下のように定義します。

（定義 6.2）　最適化問題

$\mathbf{x} \in \mathbb{R}^n$ で定義された実数値関数 $f(\mathbf{x})$ について，制約条件 $\mathbf{x} \in \mathbf{S}$ の下で最小にする $\mathbf{x}$ を求める最小化問題を最適化問題といいます。ここで，$\mathbf{S}$ は $\mathbb{R}^n$ の空でない部分集合です。

目的関数：　$f(\mathbf{x}) \longrightarrow$ 最小

制約条件：　$\mathbf{x} \in \mathbf{S}$

この問題において[*1)]，関数 $f(\mathbf{x})$ を**目的関数** (objective function)，制約条件を満たす $\mathbf{x}$ を**実行可能解** (feasible solution) と呼びます。また，実行可能解の集合 $\mathbf{S} \subseteq \mathbb{R}^n$ を**実行可能領域** (feasible domain)，実行可能解の中で目的関数が最小となるものを**最適解** (optimal solution) といいます。

*1)　$f(\mathbf{x})$ の最大化問題を取り扱う場合には，$g(\mathbf{x}) = -f(\mathbf{x})$ の最小化を図ります。

（定義 6.3） 制約付き問題と制約なし問題

実行可能領域 $\mathbf{S}$ が $\mathbb{R}^n$ の部分集合であるとき，すなわち $\mathbf{S} \subset \mathbb{R}^n$ であるときには**制約付き問題** (constrained problem) といい，$\mathbf{S} = \mathbb{R}^n$ のときには**制約なし問題** (unconstrained problem) といいます。

（定義 6.4） 大域的最適解と局所的最適解

実行可能領域 $\mathbf{S}$ 全体において目的関数 $f(\mathbf{x})$ が最小となる点 $\mathbf{x}$ を**大域的最適解** (global optimal solution) といいます。

大域的最適解ではないものの点 $\mathbf{x}$ の周辺により小さな実行可能解が存在しないとき，**局所的最適解** (local optimal solution) といいます。

例

図 6.9 の 1 次元の関数 $f(x) = \sin(\pi x^2)$ を例に制約付き問題における大域的最適解と局所的最適解を次に示します。

実行可能領域 $\mathbf{S}$	大域的最適解	局所的最適解
$-1 < x < 1$	0	0
$-1 \leq x \leq 1$	$0, \pm 1$	$0, \pm 1$
$-1.5 \leq x \leq 1.5$	$\pm\sqrt{3/2}$	$0, \pm\sqrt{3/2}$

一方，制約なし問題の場合には，大局的最適解は $\pm\sqrt{(3/2) + 2n}$，$n = 1, 2, \ldots$ と無数に存在します。

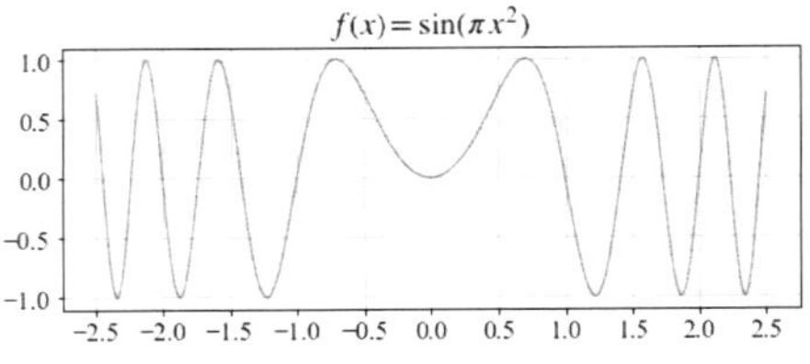

図 6.9 大域的最適解と局所的最適解の例

6.5.3　勾配とヘッセ行列

$f(\mathbf{x})$ を $\mathbf{x}_k$ の近傍で 2 次の項までテーラー展開すると

$$f(\mathbf{x}+\Delta\mathbf{x}) \approx f(\mathbf{x}) + \nabla f(\mathbf{x})^\mathsf{T}\Delta\mathbf{x} + \frac{1}{2}\Delta\mathbf{x}^\mathsf{T}\nabla^2 f(\mathbf{x})\,\Delta\mathbf{x} \tag{6.10}$$

が得られます。この式に現れる $\nabla f(\mathbf{x})$ は**勾配** (gradient) です。

$$\nabla f(\mathbf{x}) = \left(\frac{\partial f(\mathbf{x})}{\partial x_1}, \frac{\partial f(\mathbf{x})}{\partial x_2}, \ldots, \frac{\partial f(\mathbf{x})}{\partial x_n}\right)^\mathsf{T} \tag{6.11}$$

また，$\nabla^2 f(\mathbf{x})$ は $\nabla f(\mathbf{x})$ を微分して得られる 2 次偏微分係数を要素とする $n \times n$ 行列で，**ヘッセ行列** (Hessian matrix) と呼びます*2)。

$$\nabla^2 f(\mathbf{x}) = \begin{pmatrix} \dfrac{\partial^2 f(\mathbf{x})}{\partial x_1^2} & \dfrac{\partial^2 f(\mathbf{x})}{\partial x_1 \partial x_2} & \cdots & \dfrac{\partial^2 f(\mathbf{x})}{\partial x_1 \partial x_n} \\ \dfrac{\partial^2 f(\mathbf{x})}{\partial x_2 \partial x_1} & \dfrac{\partial^2 f(\mathbf{x})}{\partial x_2^2} & \cdots & \dfrac{\partial^2 f(\mathbf{x})}{\partial x_2 \partial x_n} \\ \vdots & \vdots & \ddots & \vdots \\ \dfrac{\partial^2 f(\mathbf{x})}{\partial x_n \partial x_1} & \dfrac{\partial^2 f(\mathbf{x})}{\partial x_n \partial x_2} & \cdots & \dfrac{\partial^2 f(\mathbf{x})}{\partial x_n^2} \end{pmatrix} \tag{6.12}$$

式 (6.10) は，点 $\mathbf{x}_k$ の周辺で関数 $f(\mathbf{x})$ を近似した関数と見なせるので，ヘッセ行列は一般の非線形な関数について，局所的な性質を知ることができる非常に重要な情報です。

6.5.4　凸関数と凸集合

（定義 6.5）凸関数

関数 f を n 変数実関数とし，$\forall \mathbf{x}, \mathbf{y} \in \mathbb{R}^n$, $0 \le \alpha \le 1$ に対して

$$f(\alpha\mathbf{x} + (1-\alpha)\mathbf{y}) \le \alpha f(\mathbf{x}) + (1-\alpha) f(\mathbf{y}) \tag{6.13}$$

が成立するとき，f を**凸関数** (convex function) といいます。

---

*2)　同じ表記 ∇^2 であるヘッセ行列とラプラシアンとの違いは付録 C.1 節を参照してください。

（定義 6.6） 凸集合

集合 $\mathbf{S} \subseteq \mathbb{R}^n$ について，$\forall \mathbf{x}, \mathbf{y} \in \mathbf{S}$, $0 \leq \alpha \leq 1$ に対して

$$\alpha \mathbf{x} + (1 - \alpha)\mathbf{y} \in \mathbf{S} \tag{6.14}$$

が成立するとき，$\mathbf{S}$ を**凸集合** (convex set) といいます。

付録の定理 C.2 の証明で示すように，$f(\mathbf{x})$ が凸関数であれば，任意の点 $\mathbf{x}$ でヘッセ行列 $\nabla^2 f(\mathbf{x})$ は半正定値となります。逆に，すべての点においてヘッセ行列が半正定値である関数 $f(\mathbf{x})$ は凸関数となります。

（定理 6.1） 凸関数の必要十分条件

n 変数実関数 $f(\mathbf{x})$ が 2 階微分可能であるとき，$f(\mathbf{x})$ が凸関数であることの必要十分条件は，$\forall \mathbf{x} \in \mathbb{R}^n$ について，ヘッセ行列 $\nabla^2 f(\mathbf{x})$ が半正定値行列であることです。

$$\mathbf{x}^\mathsf{T} \nabla^2 f(\mathbf{x})\, \mathbf{x} \geq 0 \tag{6.15}$$

次節では，制約なし問題について最適解が満たすべき条件について導出した後，勾配を利用した 3 つのアルゴリズムを紹介します。

6.6 制約なし問題

6.6.1 制約なし問題の最適性条件

点 $\mathbf{x}^*$ を制約なし問題の局所的最適解とします。このとき $\mathbf{x}^*$ において関数 $f(\mathbf{x})$ の勾配は 0 になっています。逆に，$\nabla f(\mathbf{x}^*) = 0$ を満たす $\mathbf{x}^*$ は必ずしも局所的最適解とは限らず，$f(\mathbf{x})$ が最大となる点や**鞍点** (saddle point) においても勾配は 0 となります。したがって，定理 6.2 は局所的最適解であるための十分条件ではありません。式 (6.16) を満たす点 $\mathbf{x}^*$ を関数 $f(\mathbf{x})$ の**停留点** (stationary point) といいます。

（定理 6.2）　制約なし問題における最適性の 1 次の必要条件

点 $\mathbf{x}^*$ が関数 $f(\mathbf{x})$ の局所的最適解であるための必要条件は

$$\nabla f(\mathbf{x}^*) = \mathbf{0} \tag{6.16}$$

です。

この定理は，局所的最適解は停留点であるが，逆は必ずしも正しくないことを意味しています。

しかし，関数 $f(\mathbf{x})$ が凸関数であれば，付録の定理 C.1 に示す勾配不等式

$$f(\mathbf{x}) \geq f(\mathbf{y}) + (\nabla f(\mathbf{y}))^{\mathsf{T}}(\mathbf{x} - \mathbf{y}) \tag{6.17}$$

が成立します。式 (6.16) で，$\mathbf{y} = \mathbf{x}^*$ および $\nabla f(\mathbf{x}^*) = 0$ とすると，$\forall \mathbf{x}$ に対して，$f(\mathbf{x}) \geq f(\mathbf{x}^*)$ が成立します。

（定理 6.3）　制約なし問題における凸関数の大局的最適解の必要十分条件

点 $\mathbf{x}^*$ が凸関数 $f(\mathbf{x})$ の大域的最適解であるための必要十分条件は

$$\nabla f(\mathbf{x}^*) = \mathbf{0} \tag{6.18}$$

です。

点 $\mathbf{x}^*$ が $f(\mathbf{x})$ の局所的最適解である場合には，証明は省力しますが定理 6.2 に加えて，ヘッセ行列について以下の定理が成立します。

（定理 6.4）　制約なし問題における最適性の 2 次の必要条件

点 $\mathbf{x}^*$ が関数 $f(\mathbf{x})$ の局所的最適解であるための必要条件は，$\nabla^2 f(\mathbf{x}^*)$ が半正定値行列であることです。

$$\mathbf{x}^{\mathsf{T}} \nabla^2 f(\mathbf{x}^*) \mathbf{x} \geq 0 \tag{6.19}$$

6.6.2 最急降下法

本項では，ヘッセ行列は使用せず 1 次の偏微分係数である勾配 $\nabla f(\mathbf{x})$ だけを利用して，最適解に収束する点列 $\mathbf{x}^{(k)}$ を生成する反復法である**最急降下法** (deepest descent method) を紹介します。

勾配ベクトル $\nabla f(\mathbf{x}^{(k)})$ は，点 $\mathbf{x}^{(k)}$ において目的関数 $f(\mathbf{x})$ が最も大きく増加する方向です。したがって，関数の値を減少させるためには，点 $\mathbf{x}^{(k)}$ から $-\nabla f(\mathbf{x}^{(k)})$ 方向に向かった点

$$\mathbf{x}^{(k+1)} = \mathbf{x}^{(k)} + \alpha^{(k)}\nabla f(\mathbf{x}^{(k)}) \tag{6.20}$$

を次の点の候補とするのはナイーブな発想です。ここで $\alpha^{(k)}$ は**ステップ幅** (step width) と呼ばれる正の数で

$$f(\mathbf{x}^{(k)} + \alpha^{(k)}\nabla f(\mathbf{x}^{(k)})) \approx \arg\min_{\alpha \geq 0}\ f(\mathbf{x}^{(k)} + \alpha\nabla f(\mathbf{x}^{(k)}) \tag{6.21}$$

によって求めることができます。式 (6.21) の右辺は点 $\mathbf{x}(k)$ と勾配ベクトル $\nabla f(\mathbf{x}^{(k)})$ が与えられたとき，勾配ベクトルの方向に沿って目的関数が最小となるステップ幅 $\alpha^{(k)}$ を求める 1 変数の最小化問題です。$\alpha^{(k)}$ を求める操作を**直線探索** (line search) といいます。

任意の出発点 $\mathbf{x}^{(0)}$ を選択し，式 (6.21) の直線探索と式 (6.20) の点列の更新を，十分に小さい $\varepsilon > 0$ についての反復終了条件

$$\|\nabla f(\mathbf{x}^{(k)})\| < \varepsilon \tag{6.22}$$

が成立するまで繰り返します。

最急降下法で得られた最適解は局所的最適解であり，一般的には出発点 $\mathbf{x}^{(0)}$ の選択によって異なる局所的最適解に収束します。しかし，目的関数が凸関数の場合には大域的最適解に収束することが保証されています。

最急降下法の収束特性

最急降下法によって生成された点列 $\{\mathbf{x}^{(k)}\}$ の極限 $\mathbf{x}^*$ について，以下のことが知られています。

ヘッセ行列 $\nabla^2 f(\mathbf{x}^*)$ が正定値行列であるとき，ヘッセ行列の固有値の最大値 $\lambda_{\max}$ と最小値 $\lambda_{\min}$ の比

$$\tau = \lambda_{\max}/\lambda_{\min} \tag{6.23}$$

が収束の速さを示す指標となります。τ が 1 に近いときは，収束が速く，τ が大きくなるほど収束が遅くなります。τ を $\nabla^2 f(\mathbf{x}^*)$ の**条件数** (condition number) といいます。

6.6.3　共役勾配法

最急降下法では，式 (6.20) によって点 $\mathbf{x}^{(k)}$ における勾配ベクトル $\nabla f(\mathbf{x}^{(k)})$ の方向に直線探索を行いました。条件数 τ が大きく収束が遅くなることへの対応として $\mathbf{x}^{(k)}$ から最適解 $\mathbf{x}^*$ に向かうベクトル

$$\mathbf{d}^{(k)} = \mathbf{x}^* - \mathbf{x}^{(k)}$$

を求めることができれば，より早く安定的な収束が期待できます。このようなベクトルを**共役勾配** (conjugate gradient) といいます。

点 $\mathbf{x}^{(k)}$ の近傍で関数 $f(\mathbf{x})$ は凸関数で，正定値対称行列 A の 2 次形式

$$f(\mathbf{x}) = \mathbf{x}^\top \mathrm{A}\mathbf{x} \tag{6.24}$$

で表せると仮定したとき，付録 A.6 節の性質から，

$$\mathrm{A} = \mathrm{PDP}^\top = \mathrm{PD}^{1/2}\mathrm{D}^{1/2}\mathrm{P}^\top$$

となる正規直交行列 P と非負の固有値から構成される対角行列 D が存在します。$\mathrm{PD}^{1/2}$ を改めて $\mathrm{P}^\top$ と置換すると

$$\mathrm{A} = \mathrm{P}^\top\mathrm{P}$$

となる対角行列 P が得られます。

$n \times n$ 正値対称行列 A と $\forall \mathbf{u}, \mathbf{v} \in \mathbb{R}^n$ に対して

$$\langle \mathbf{u}, \mathbf{v} \rangle_\mathrm{A} = \mathbf{u}^\top \mathrm{A}\mathbf{v} = 0 \tag{6.25}$$

が成立するとき，ベクトル $\mathbf{u}$ と $\mathbf{v}$ は，A に対して**共役** (conjugate) であるといいます。このとき，

$$\mathbf{u}^\top \mathrm{A}\mathbf{v} = 0$$

$$\mathbf{u}^\top \mathrm{P}^\top \mathrm{P}\mathbf{v} = 0$$
$$(\mathrm{P}\mathbf{u})^\top(\mathrm{P}\mathbf{v}) = 0$$

となり，$\mathrm{P}\mathbf{u}$ と $\mathrm{P}\mathbf{v}$ が直交していることが分かります。

2 次元のグラム・シュミットの直交化

$n = 2$ のときには，式 (6.24) の式から得られる等高線を描くと図 6.10 の同心楕円（左）または同心円（中央）になります。このとき，1 次独立なベクトル $\mathbf{v}_1$ と $\mathbf{v}_2$ を元に対称行列 A に対して互いに共役なベクトル $\mathbf{d}_1$ と $\mathbf{d}_2$ をグラム・シュミットの直交化によって生成します（図 6.10 の右）。$\mathbf{d}_2 = \mathbf{v}_2 - \gamma\,\mathbf{v}_1$ とし，$\langle \mathbf{d}_1\,,\,\mathbf{d}_2 \rangle_\mathrm{A} = 0$ を満たす γ を $\mathbf{d}_1 = \mathbf{v}_1$ として求めることにします。

$$\begin{aligned}\langle \mathbf{d}_1\,,\,\mathbf{d}_2 \rangle_\mathrm{A} &= \langle \mathbf{v}_1\,,\,\mathbf{v}_2 - \gamma\,\mathbf{v}_1 \rangle_\mathrm{A} \\ &= \langle \mathbf{v}_1\,,\,\mathbf{v}_2 \rangle_\mathrm{A} - \gamma\,\langle \mathbf{v}_1\,,\,\mathbf{v}_1 \rangle_\mathrm{A} = 0\end{aligned}$$

から γ を求め，$\mathbf{d}_2 = \mathbf{v}_2 - \gamma\,\mathbf{v}_1$ を代入すると，共役勾配は

$$\mathbf{d}_2 = \mathbf{v}_2 - \frac{\langle \mathbf{v}_1\,,\,\mathbf{v}_2 \rangle_\mathrm{A}}{\langle \mathbf{v}_1\,,\,\mathbf{v}_1 \rangle_\mathrm{A}}\,\mathbf{v}_1 \tag{6.26}$$

と求めることができます。

点 $\mathbf{x}$ における勾配 $\nabla f(\mathbf{x})$ を $\mathbf{v}_2$ に選び，$\mathbf{v}_2$ に直交するベクトル（点 $\mathbf{x}$ における接線方向）を $\mathbf{v}_1$ として式 (6.26) から $\mathbf{d}_2$ を求めると，$\mathbf{x}$ から最適解 $\mathbf{x}^*$ に向かうベクトル

$$\mathbf{d} = \mathbf{x}^* - \mathbf{x}$$

が求められたことになります。

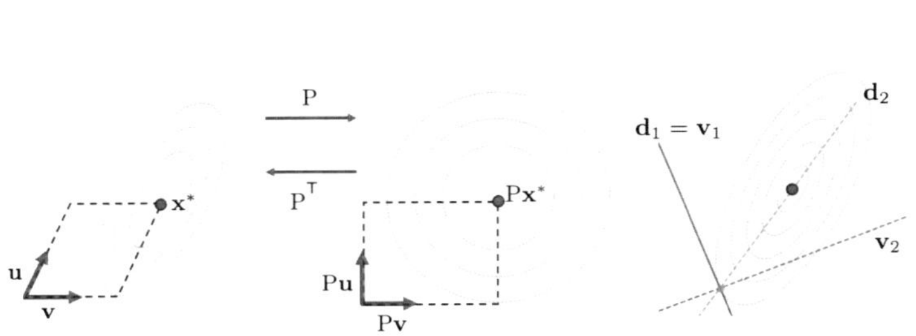

図 6.10　正定値行列の共役性，直交性と共役勾配

n 次元のグラム・シュミットの直交化

式 (6.26) を一般化し，線形独立なベクトル $\mathbf{v}_1, \ldots, \mathbf{v}_n$ を元に対称行列 A に対して互いに共役であるベクトル $\mathbf{d}_j$ $(j = 2, \ldots, n)$

$$\mathbf{d}_j = \mathbf{v}_j - \sum_{i=1}^{j-1} \frac{\langle \mathbf{v}_i \,,\, \mathbf{v}_j \rangle_{\mathrm{A}}}{\langle \mathbf{v}_i \,,\, \mathbf{v}_i \rangle_{\mathrm{A}}} \mathbf{v}_i \tag{6.27}$$

が得られます。$\mathbf{d}_2$ から始めて直線探索を $n-1$ 回繰り返すことによって，最適解を求めることができます。

6.6.4　準ニュートン法

ヘッセ行列を利用した反復法である準ニュートン法を紹介します。始めに，式 (6.10) から，関数 $f(\mathbf{x})$ は点 $\mathbf{x}^{(k)}$ の近傍では，2 次関数

$$\tilde{f}(\mathbf{x}) = f(\mathbf{x}^{(k)}) + \nabla f(\mathbf{x}^{(k)})^{\mathsf{T}} \mathbf{d} + \frac{1}{2} \mathbf{d}^{\mathsf{T}} \nabla^2 f(\mathbf{x}^{(k)})\, \mathbf{d} \tag{6.28}$$

で近似できます。ここで $\mathbf{d}$ は点 $\mathbf{x}^{(k)}$ からの変位を表すベクトル

$$\mathbf{d} = \mathbf{x} - \mathbf{x}^{(k)} \tag{6.29}$$

です。式 (6.28) の左辺は $\mathbf{d}$ の関数となっているので，改めて $q^{(k)}(\mathbf{d})$ と表すことにします。

$$q^{(k)}(\mathbf{d}) = f(\mathbf{x}^{(k)}) + \nabla f(\mathbf{x}^{(k)})^{\mathsf{T}} \mathbf{d} + \frac{1}{2} \mathbf{d}^{\mathsf{T}} \nabla^2 f(\mathbf{x}^{(k)})\, \mathbf{d} \tag{6.30}$$

ここで，$\mathbf{x}(k)$ の近傍でヘッセ行列は正定値であると仮定すると，2 次関数 $q^{(k)}$ は凸関数であり，$\nabla q^{(k)}(\mathbf{d}) = \mathbf{0}$ を満たす $\mathbf{d}^{(k)}$ において最小となります。

$$\nabla q^{(k)}(\mathbf{d}^{(k)}) = \nabla f(\mathbf{x}^{(k)}) + \nabla^2 f(\mathbf{x}^{(k)})\, \mathbf{d}^{(k)} = \mathbf{0} \tag{6.31}$$

したがって，関数 $q^{(k)}$ が最小となる点の変位は

$$\mathbf{d}^{(k)} = -\left(\nabla^2 f(\mathbf{x}^{(k)}) \right)^{-1} \nabla f(\mathbf{x}^{(k)}) \tag{6.32}$$

で与えられることになります。式 (6.32) と式 (6.29) から得られる

$$\mathbf{x}^{(k+1)} = \mathbf{x}^{(k)} + \mathbf{d}^{(k)} \tag{6.33}$$

によって点列 $\mathbf{x}^{(k)}$ を生成する反復法を**ニュートン法** (Newton method) といいます。

ニュートン法では，式 (6.32) に現れるヘッセ行列の逆行列を求める必要があります。6.5.1 項でハイパーパラメータの最適化に必要な勾配は解析的に求めることができましたが，ヘッセ行列を解析的に求めることはできません。したがって，ニュートン法のアプローチを実現するために，ヘッセ行列の近似解を推定する手法である様々な**準ニュートン法** (quasi-Newton method) が提唱されています*3)。準ニュートン法では，1 回の反復ごとに，点の変化量 $\mathbf{x}^{(k+1)} - \mathbf{x}^{(k)}$ と勾配の変化量 $\nabla f(\mathbf{x}^{(k+1)}) - \nabla f(\mathbf{x}^{(k)})$ から，新しい点 $\mathbf{x}^{(k+1)}$ におけるヘッセ行列 $\nabla^2 f(\mathbf{x}^{(k+1)})$ を推定します。

次項で準ニュートン法の代表例である BFGS 法を紹介します。

6.6.5 BFGS 法

BFGS 法は，C.G.Broyden, R.Fletcher, D.Goldfarb, D.F.Shanno の 4 人が提唱したことからそう呼ばれています。

まず，変数 $\mathbf{x}$ が 1 次元で $x \in \mathbb{R}$ とし，$|x^{(k+1)} - x^{(k)}| \ll 1$ とすると，新しい点 $\mathbf{x}^{(k+1)}$ におけるヘッセ行列は

$$\nabla^2 f(x^{(k+1)}) \approx \frac{\nabla f(x^{(k+1)}) - \nabla f(x^{(k)})}{x^{(k+1)} - x^{(k)}} \tag{6.34}$$

と近似することができます。この式を変数が n 次元の場合に拡張すると

$$\nabla^2 f(\mathbf{x}^{(k+1)}(\mathbf{x}^{(k+1)} - \mathbf{x}^{(k)}) \approx \nabla f(\mathbf{x}^{(k+1)}) - \nabla f(\mathbf{x}^{(k)}) \tag{6.35}$$

が得られます。ここで，左辺のヘッセ行列を近似行列で表し，表記を簡単にするため

$$\begin{aligned} \mathrm{B}^{(k+1)} &= \nabla^2 f(\mathbf{x}^{(k+1)} \\ \mathbf{s}^{(k)} &= \mathbf{x}^{(k+1)} - \mathbf{x}^{(k)} \\ \mathbf{y}^{(k)} &= \nabla f(\mathbf{x}^{(k+1)}) - \nabla f(\mathbf{x}^{(k)}) \end{aligned} \tag{6.36}$$

*3) DFP 法，ブロイデン法，記憶制限 BFGS 法など。

と置換すると

$$\mathrm{B}^{(k+1)}\mathbf{s}^{(k)} = \mathbf{y}^{(k)} \tag{6.37}$$

が得られます。変数がベクトルの場合には，式 (6.37) を満足するヘッセ行列の近似行列 $\mathrm{B}^{(k+1)}$ は一意に定めることはできません。そこで，$\mathrm{B}^{(k+1)}$ に様々な制約を加えたり，これまでの近似行列 $\mathrm{B}^{(k)}$ による修正を加えるなどのいくつかの手法が提唱されています。そのうちで最もよく知られた手法が以下に紹介する BFGS 法です。

具体的には，次式によってヘッセ行列の近似行列

$$\begin{aligned}\mathrm{B}^{(k+1)} = \mathrm{B}^{(k)} &+ \frac{1}{\beta^{(k)}}\mathbf{y}^{(k)}(\mathbf{y}^{(k)})^{\mathsf{T}} \\ &- \frac{1}{\gamma^{(k)}}\mathrm{B}^{(k)}\mathbf{s}^{(k)}(\mathrm{B}^{(k)}\mathbf{s}^{(k)})^{\mathsf{T}}\end{aligned} \tag{6.38}$$

を求めます。ここで，2 つの補正係数 $\beta^{(k)}$ と $\gamma^{(k)}$ は，

$$\beta^{(k)} = (\mathbf{y}^{(k)})^{\mathsf{T}}\mathbf{s}^{(k)}$$
$$\gamma^{(k)} = (\mathbf{s}^{(k)})^{\mathsf{T}}\mathrm{B}^{(k)}\mathbf{s}^{(k)}$$

で与えられます。式 (6.38) で得られるヘッセ行列の近似行列は，以下の関係を満たします。

- (a)　$\mathrm{B}^{(k+1)}$ は式 (6.37) を満足します。
- (b)　$\mathrm{B}^{(k)}$ が対称行列であれば $\mathrm{B}^{(k+1)}$ も対称行列です。
- (c)　$\mathrm{B}^{(k)}$ が正定値行列かつ $\beta^{(k)} > 0$ であれば $\mathrm{B}^{(k+1)}$ も正定値行列です。

式 (6.38) を式 (6.37) に代入すると

$$\mathrm{B}^{(k+1)}\mathbf{s}^{(k)} = \mathrm{B}^{(k)}\mathbf{s}^{(k)} + \frac{\mathbf{y}^{(k)}(\mathbf{y}^{(k)})^{\mathsf{T}}\mathbf{s}^{(k)}}{(\mathbf{y}^{(k)})^{\mathsf{T}}\mathbf{s}^{(k)}} - \frac{\mathrm{B}^{(k)}\mathbf{s}^{(k)}(\mathrm{B}^{(k)}\mathbf{s}^{(k)})^{\mathsf{T}}\mathbf{s}^{(k)}}{(\mathbf{s}^{(k)})^{\mathsf{T}}\mathrm{B}^{(k)}\mathbf{s}^{(k)}}$$

となり，右辺の第 3 項の分子に現れる転置行列 $(\mathrm{B}^{(k)}\mathbf{s}^{(k)})^{\mathsf{T}}$ は $\mathrm{B}^{(k)}$ が対称行列であるので

$$(\mathrm{B}^{(k)}\mathbf{s}^{(k)})^{\mathsf{T}} = (\mathbf{s}^{(k)})^{\mathsf{T}}(\mathrm{B}^{(k)})^{\mathsf{T}} = (\mathbf{s}^{(k)})^{\mathsf{T}}\mathrm{B}^{(k)}$$

となり，関係 (a) が示されます。関係 (b) は，式 (6.38) の第 2 項，第 3 項がそれぞれ対称行列*4)となるので自明です。後は関係 (c) が成立すると*5)，ヘッセ行列の近似行列 $\mathrm{B}^{(k)}$ を準ニュートン法に適用した BFGS 法のアルゴリズムを実現することができます。

BFGS 法のアルゴリズム

(0) $k=0$ とし，出発点 $\mathbf{x}^{(0)}$ と正定値対称行列 $\mathrm{B}^{(0)}$ を選びます*6)。
(1) $\|\nabla f(\mathbf{x}^{(k)})\| < \varepsilon$ ならば計算を終了します。さもなければ直線探索方向 $\mathbf{d}^{(k)} = -(\mathrm{B}^{(k)})^{-1}\nabla f(\mathbf{x}^{(k)})$ を求めます。
(2) 式 (6.21) の直線探索により，ステップ幅 $\alpha^{(k)} > 0$ を求め次の点 $\mathbf{x}^{(k+1)} = \mathbf{x}^{(k)} + \alpha^{(k)}\mathbf{d}^{(k)}$ を求めます。
(3) 式 (6.38) により $\mathrm{B}^{(k+1)}$ を求めます。$\beta^{(k)} \leq 0$ のときには $\mathrm{B}^{(k+1)} = \mathrm{B}^{(k)}$ とします。
(4) $k = k+1$ とし，ステップ (1) に戻ります。

ステップ (3) で $\beta^{(k)} \leq 0$ となるのは，直線探索の近似アルゴリズムの精度に起因し，真の極小値を推定できない場合です。

6.7 制約付き問題

6.7.1 制約なし問題との違い

本節では制約付き問題の最適性条件ついて紹介します。図 6.9 の例において，制約条件を $-1 \leq x \leq 1$ とすると局所的最適解は 0, ±1 でしたが，明らかに $\nabla f(-1)$ と $\nabla f(1)$ は 0 ではなく，定理 6.2 の 1 次の必要条件は満足していません。このことから，制約付き問題について，制約なし問題で成立した定理 6.2 の最適性に関する必要条件に相当する制約付き問題における最適性の必要条件の導出が求められることになります。以下，定理

*4) $\forall \mathbf{x} \in \mathbb{R}^n$ について $\mathbf{x}\mathbf{x}^\top$ は対称行列になります。
*5) 証明は長くなるので付録 C.2 節で示します。
*6) $\mathrm{B}^{(0)}$ として例えば単位行列を選ぶことができます。

の導出は省略しますが，詳細は文献 [7] を参考にしてください。

6.7.2　制約付き問題の定義

制約付き問題を改めて以下のように定義します。

（定義 6.7）制約付き問題

目的関数：　$f(\mathbf{x}) \longrightarrow$ 最小

制約条件：　$g_i(\mathbf{x}) = 0 \qquad (i = 1, 2, \ldots, m)$

$h_j(\mathbf{x}) \leq 0 \qquad (j = 1, 2, \ldots, l)$

ここで，関数 $f(\mathbf{x})$ と制約関数 $g_i(\mathbf{x})$，$h_j(\mathbf{x})$ は，2 階微分可能性を仮定します。

制約条件の例

1 つの等式制約関数と 6 つの不等式制約関数

$$x_1 + x_2 + x_3 = 100$$

$$-x_i \leq 0,\ x_i - 100 \leq 0 \quad (i = 1, 2, 3)$$

から得られる実行可能領域 S は，図 6.11（左）の 3 次元空間における三角形の平面となります。この平面を 2 次元平面に写像すると，三角座標や 3 成分系の相図と呼ばれるチャートが得られます。

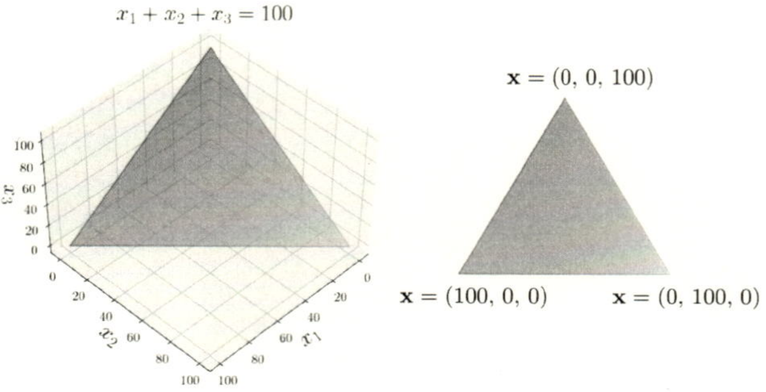

図 6.11　制約条件の例

6.7.3 制約付き問題の最適性条件

定理 6.2 に対応する 1 次の必要条件は以下の定理で与えられます。

（定理 6.5） 制約付き問題における最適性の 1 次の必要条件

点 $\mathbf{x}^*$ が関数 $f(\mathbf{x})$ の局所的最適解であるための必要条件は

$$\begin{cases} \nabla f(\mathbf{x}^*) + \sum_{i=1}^{m} \mu_i{}^* \nabla g_i(\mathbf{x}^*) + \sum_{j=1}^{l} \lambda_j{}^* \nabla h_j(\mathbf{x}^*) = \mathbf{0} \\ g_i(\mathbf{x}^*) = 0 \\ \begin{cases} h_j(\mathbf{x}^*) \leq 0,\ \lambda_j^* \geq 0 \\ h_j(\mathbf{x}^*) < 0 \Longrightarrow \lambda_j^* = 0 \end{cases} \end{cases} \tag{6.39}$$

です。

この必要条件を，**カルーシュ・キューン・タッカー条件**（KKT 条件，Karush-Kuhn-Tucker condition）といいます。また，制約条件に対する重みを表す

$$(\mu_1{}^*, \ldots, \mu_m^*, \lambda_1^*, \ldots, \lambda_l{}^*)^\top$$

を**ラグランジュ乗数** (Lagrangian multiplier) といいます。

さらに，定理 6.3 に対応する定理は次のように与えられます。

（定理 6.6） 制約なし問題における凸関数の大局的最適解の必要十分条件

点 $\mathbf{x}^*$ が $f(\mathbf{x})$ の大域的最適解であるための必要十分条件は

- $f(\mathbf{x})$ が凸関数
- $g_i(\mathbf{x})$ が 1 次関数
- $h_j(\mathbf{x})$ が凸関数
- 式 (6.39) の必要条件

がすべて成立することです。

6.8　制約付き問題の具体例

目的関数と 3 つの不等式制約関数を

$$f(\mathbf{x}) = \begin{pmatrix} x_1 - 1 \\ x_2 - 4 \end{pmatrix}^{\mathsf{T}} \begin{pmatrix} 1 & 1 \\ 1 & 2 \end{pmatrix} \begin{pmatrix} x_1 - 1 \\ x_2 - 4 \end{pmatrix}$$

$$h_1(\mathbf{x}) = {x_1}^2 + {x_2}^2 \leq 4$$

$$h_2(\mathbf{x}) = -\sqrt{3}x_1 + x_2 \leq 0$$

$$h_3(\mathbf{x}) = -x_2 \leq 0$$

と仮定します。このとき，実行可能領域は図 6.12 の扇型で示す凸領域になります。まず，式 (6.39) の必要条件が成立することを確認します。

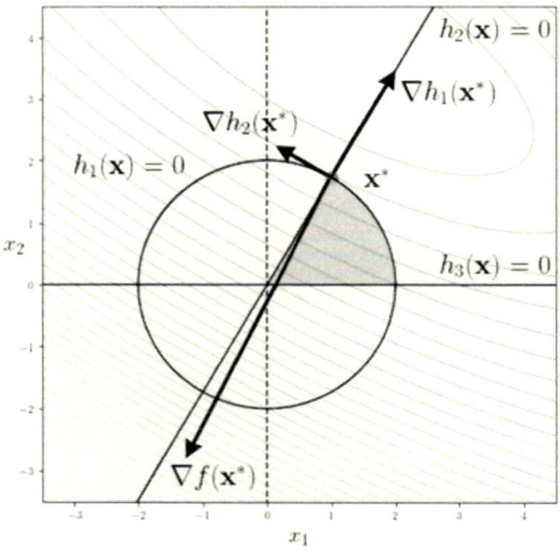

図 6.12　最適解における目的関数と制約関数の勾配

図 6.12 から，明らかに最適解は

$$\mathbf{x}^* = (1, \sqrt{3}\ )^{\mathsf{T}}$$

となります。最適解における不等式制約関数 $h_j(\mathbf{x})$ の値を求めると

$$h_1(\mathbf{x}^*) = 0, \quad h_2(\mathbf{x}^*) = 0, \quad h_3(\mathbf{x}^*) = -1 < 0$$

となり，定理 6.6 の最後の条件から $\lambda_3^* = 0$ となります。$h_j(\mathbf{x}^*) = 0$ を満たす制約条件を**有効制約** (effective constraints) といい，釣り合い条件

$$\nabla f(\mathbf{x}^*) + \lambda_1^* \nabla h_1(\mathbf{x}^*) + \lambda_2^* \nabla h_2(\mathbf{x}^*) = \mathbf{0} \tag{6.40}$$

を満たす $\lambda_j \geq 0$ が存在することが必要となります。

最適解における勾配は

$$\begin{aligned} \nabla f(\mathbf{x}^*) &= (-8 - 2\sqrt{3},\ -16 + 4\sqrt{3}\ )^\mathsf{T} \\ \nabla h_1(\mathbf{x}^*) &= (\ 2,\ 2\sqrt{3}\ )^\mathsf{T} \\ \nabla h_2(\mathbf{x}^*) &= (-\sqrt{3},\ 1\ )^\mathsf{T} \end{aligned}$$

であり，$\nabla h_1(\mathbf{x}^*)$ と $\nabla h_2(\mathbf{x}^*)$ は一次独立であるので，λ_1^* と λ_2^* についての連立方程式式 (6.40) を解くことができ

$$\begin{pmatrix} \lambda_1^* \\ \lambda_2^* \end{pmatrix} = \begin{pmatrix} -0.5 + 1.75\sqrt{3} \\ 5.5 - 3\sqrt{3} \end{pmatrix} \approx \begin{pmatrix} 2.531 \\ 0.3038 \end{pmatrix}$$

と求められます。$\lambda_1^* > 0$，$\lambda_2^* > 0$ であることを確かめることができ，式 (6.39) の必要条件を満足していることを確認できました。

さらに，$f(\mathbf{x})$ と $h_j(\mathbf{x})$ が定理 6.6 の条件を満たすので，点 $\mathbf{x}^*$ が大域的最適解の必要十分条件を満足していることが確認できました。

コラム：勾配法による最適化

次章で紹介する GPy の optimize メソッドで最適化手法として L-BFGS 法を選択したとき，ハイパーパラメータと対数尤度の収束の様子を図 6.13 に示します。対数尤度は符号反転してプロットしているため，単調減少しつつ収束していることが分かります。図 6.7 の MCMC 法で得られたハイパーパラメータ系列は収束していないことと比較すると大きな差が認められます。

一方，ハイパーパラメータは反復 30 回目前後までは振動しながら収束していることが分かります。この振動特性は，対数尤度の分布が単峰性（あるいは凸関数）でないことに起因していて，特に θ_2 方向の変動が顕著であると理解できます。

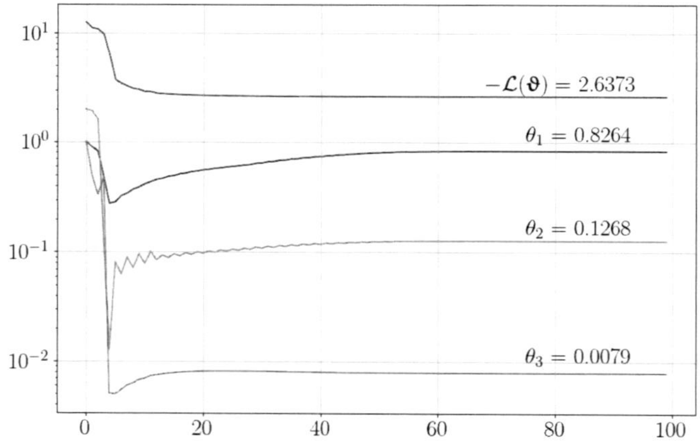

図 6.13　GPy の最適化メソッドによる $\boldsymbol{\vartheta}$ と $-\mathcal{L}(\boldsymbol{\vartheta})$ の収束状況

第7章

ガウス過程の計算パッケージ

ガウス過程の計算パッケージは，Windows や MacOS などのプラットフォームにおいて様々なプログラミング言語で利用できるようになっています。本章では無償のパッケージについて，利用方法の具体例を紹介します。

7.1　利用可能なガウス過程の計算パッケージ

ガウス過程は，回帰問題のみならず分類問題や機械学習など多くの分野への応用が可能です。個々の問題に対応するために，有償あるいは無償の各種計算パッケージの利用が可能になっています。代表的な有償のパッケージは，Mathworks 社の MATLAB 用の Statistics and Machine Learning Toolbox です。本章では，無償のパッケージとして MATLAB 用に開発された GPML と Python ベースの GPy を紹介します。

代表的な応用例として 6.2 節で紹介したガウス過程回帰モデルのハイパーパラメータの最適化問題を取り上げます。

7.2　ガウス過程回帰モデルのハイパーパラメータの最適化問題

教師データ $\mathcal{D} = \{\,(x_i, y_i)\,|\, i = 1, 2, \ldots, n\,\}$ が与えられたとき，次式で定義する回帰モデルの対数尤度関数 $\mathcal{L}(\boldsymbol{\vartheta})$ を最大化するハイパーパラメータを推定します。

$$k(\mathbf{x}_i, \mathbf{x}_j \,|\, \boldsymbol{\vartheta}) = \theta_1 \exp\left(-\frac{\|\mathbf{x}_i - \mathbf{x}_j{}'\|^2}{\theta_2}\right) + \theta_3\,\delta_{ij} \tag{7.1}$$

$$\mathcal{L}(\boldsymbol{\vartheta}) = -(n \log(2\pi) + \log|\mathrm{K}_{\boldsymbol{\vartheta}}| + \mathbf{y}^{\mathsf{T}}\mathrm{K}_{\boldsymbol{\vartheta}}^{-1}\mathbf{y})/2 \tag{7.2}$$

ここで，2.4 節で使用した図 2.6 の教師データセットを利用することにします。

$$\begin{aligned}\mathcal{D} = \{\,&(0.00, -0.06), (0.22, 0.97), (0.44, 0.25), (0.67, -0.90),\\ &(0.90, -0.53), (0.16, 0.94), (0.34, 0.85),\\ &(0.50, 0.09), (0.73, -0.93), (1.00, 0.08)\,\}\end{aligned}$$

6.2 節では，3 次元のハイパーパラメータ空間内に生成したグリッドにおける対数尤度を評価し，最大値 $\mathcal{L}(\boldsymbol{\vartheta})_{\max} = -2.6373$ を与えるグリッドから最適なハイパーパラメータ $\boldsymbol{\vartheta}^* = (0.8263,\ 0.1267,\ 0.007885)$ を得ることができました。

以下，GPML と GPy を紹介しますが，両パッケージでは，式 (7.1) のハイパーパラメータを，RBF については信号の分散 σ_f^2 と特性長スケール ℓ，ガウスノイズについては分散 σ_n^2 として定義しているので，カーネル関数を以下のとおり定義します。

$$k(\mathbf{x}_i, \mathbf{x}_j \mid \boldsymbol{\vartheta}) = \sigma_f^2 \exp\left(-\frac{\|\mathbf{x}_i - \mathbf{x}_j\|^2}{2\,\ell^2}\right) + \sigma_n^2\,\delta_{ij} \tag{7.3}$$

7.3 GPML

7.3.1 GPML の構造

GPML は Rasmussen C.E. と Wiliams C.K.I. による名著「Gaussian Process for Machine Learning」[2] に従って開発された MATLAB 用の計算パッケージです（無償の Octave でも利用できるとされています）。ドキュメントを含む計算パッケージはこちら*1) からダウンロードすることができます。

7.2 節で設定した回帰問題を解くための主役は，回帰モデルを定義するための 3 つの関数群 (mean*.m，cov*.m，lik*.m) と 1 つのメソッド群 (inf*.m) です。また，関数群に固有のハイパーパラメータは構造体として定義します。これらの 5 つのオブジェクトを引数とする gp 関数と minimize 関数によってガウス過程回帰モデルの定義と最適化を行います。

- ガウス過程オブジェクト
  - 平均関数群 (mean*.m)
  - 共分散関数群 (cov*.m)
- 尤度関数群 (lik*.m)
- 推定メソッド群 (inf*.m)
- ハイパーパラメータ構造体

*1) http:www.gaussianprocess.org/gpml/code/matlab/doc/

図 7.1 に，式 (7.3) で定義される回帰モデルのハイパーパラメータを最適化するスクリプトを示します。

```
1   x = [ 0.00, 0.22, 0.44, 0.67, 0.90, 0.16, 0.34, 0.50, 0.73, 1.00]';
2   y = [-0.06, 0.97, 0.25,-0.90,-0.53, 0.94, 0.85, 0.09,-0.93, 0.08]';
3   xt = linspace(-0.2, 1.2, 141)';
4
5   meanfunc = [];
6   covfunc  = @covSEiso;
7   likfunc  = @likGauss;
8
9   hyp = struct('mean', [], 'cov', log([sqrt(0.005) 1]), 'lik', log(0.1));
10
11  [nll1, ~]    = gp(hyp, @infGaussLik, meanfunc, covfunc, likfunc, x, y);
12  [mu1, var1] = gp(hyp, @infGaussLik, meanfunc, covfunc, likfunc, x, y, xt);
13  subplot(121); draw(mu1, var1, x, y, xt, hyp, nll1)
14
15  hyp2 = minimize(hyp, @gp, -100, @infGaussLik, meanfunc, covfunc, likfunc, x, y);
16  [nll2, ~]    = gp(hyp2, @infGaussLik, meanfunc, covfunc, likfunc, x, y);
17  [mu2, var2] = gp(hyp2, @infGaussLik, meanfunc, covfunc, likfunc, x, y, xt);
18  subplot(122); draw(mu2, var2, x, y, xt, hyp2, nll2)
19
20  function draw(mu, var, x, y, xt, hyp, nll)
21      f =[mu+2*sqrt(var); flip(mu-2*sqrt(var))];
22      fill([xt; flip(xt)], f, [7 7 7]/8)
23      hold on; plot(xt, mu, 'r-', 'LineWidth', 2)
24      plot(x, y, 'bx', 'MarkerSize', 10, 'LineWidth', 2)
25      hold off
26      ylim([-2, 2])
27      grid
28      para = [exp(hyp.cov(2))^2, 2*exp(hyp.cov(1))^2, exp(hyp.lik)^2, -nll];
29      title(num2str(para))
30  end
```

図 7.1　GPML によるハイパーパラメータの最適化のためのスクリプト

7.3.2　教師データとテスト入力の定義

図 7.1 のスクリプトの 1 行目と 2 行目で 10 点の教師データ，3 行目で区間 $[-0.2, 1.2]$ を 140 等分したテスト入力を指定しています。

7.3.3　ガウス過程モデルの定義

ガウス過程モデルは，平均値関数と共分散関数，そして尤度関数によって定義されます。これら 3 つの関数とハイパーパラメータは，構造体配列 (struct) によって自由に設定することができ，図 7.1 のスクリプトの例では，

- 5〜7 行目：3 つの関数を選択しています。具体的には，
  - ・平均値関数は使用しないので空ベクトル
  - ・共分散関数はパッケージで用意されている関数群から式 (7.3) に現れる RBF 関数の関数ハンドル
  - ・尤度関数はやはり用意されている関数群からガウシアン尤度関数の関数ハンドル

  をそれぞれ選択しています。
- 9 行目：ハイパーパラメータ ℓ, σ_f, σ_n の初期値の対数を構造体配列 hyp として定義しています。

7.3.4　gp 関数

7.3.2 項で定義した教師データと 7.3.3 項で定義したガウス過程とから予測分布の推定を行うための関数が gp です。引数として infGaussLik メソッドを選択することでガウス過程回帰による推定を行います。

- 11 行目：ハイパーパラメータ，推定メソッドと 3 つの関数に加え，教師データ x と y を引数としている場合には，関数の出力として式 (7.2) の符号を反転した負の対数尤度 (negative log likelihood, NLL) を求めます。
- 12 行目：11 行目の例に加え，テスト入力が引数として指定されている場合には，関数の出力としてテスト入力点におけるガウス過程回帰モデルの予測値の平均値と分散を求めます。

7.3.5　mizimize 関数

ガウス過程モデルと教師データから，負の対数尤度を最小化する最適なハイパーパラメータを共役勾配法によって推定します。

- 15 行目：第 3 引数によって最大反復回数を指定します（この例では 100 回)。最適化されたハイパーパラメータの構造体配列を関数の出力として求めます。
- 16, 17 行目：最適化されたハイパーパラメータから回帰モデルの負の

対数尤度，平均値，分散を求めます。

7.3.6　回帰モデルの可視化

13 行目と 18 行目で最適化前と後のガウス過程回帰モデルの平均値と分散から求められる信頼区間を図 7.2 にプロットします。ここでは，$\mu \pm 2\sigma$ に相当する 95.5 % の信頼区間をプロットしています。

最適化の結果，$\vartheta^* = (0.82645, 0.12676, 0.0078845)$ と $\mathcal{L}(\vartheta)_{\max} = -2.6373$ を求めることができました。

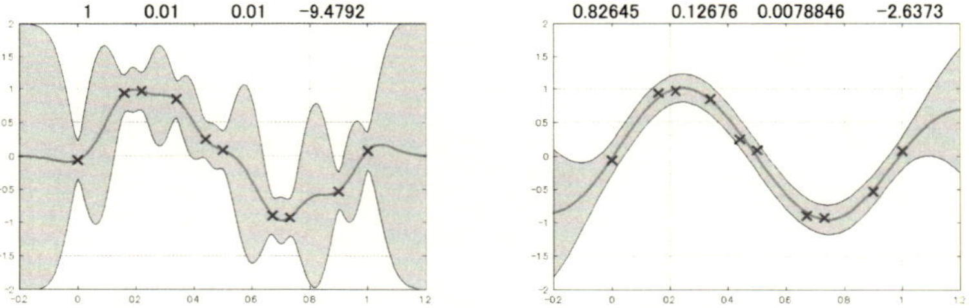

図 7.2 （左）最適化前，（右）最適化後

7.3.7　GPML のその他の利用方法

GPML は，ガウス過程モデルに関連する様々な問題に対して利用することができ，カーネル関数を定義する平均値関数と共分散関数の選択にも自由度があります。また，尤度関数と推定メソッドの組み合わせによって回帰モデルのみならず分類モデルに適用できます。例えば，likErf 関数と infEP メソッドの組み合わせによって 2 クラスのガウス回帰分類モデルを構成することができます。具体例の詳細情報は GPML のマニュアル [13] に紹介されています。

7.4 GPy

7.4.1 GPyの統合開発環境と構造

科学計算パッケージ Python の無料ディストリビューションである Anaconda[*2] を使用して 7.2 節の問題を解くためのスクリプトを紹介します。Anaconda には，に示す Spyder と呼ばれる統合開発環境が同梱されていてインタラクティブなスクリプトの編集・実行ができます。

また，ガウス過程に関する代表的なフレームワークである GPy は，こちら[*3] からダウンロードすることができます。

ガウス過程モデルを利用するユーザの視点から見た GPy の構造を図 7.3 に示します。

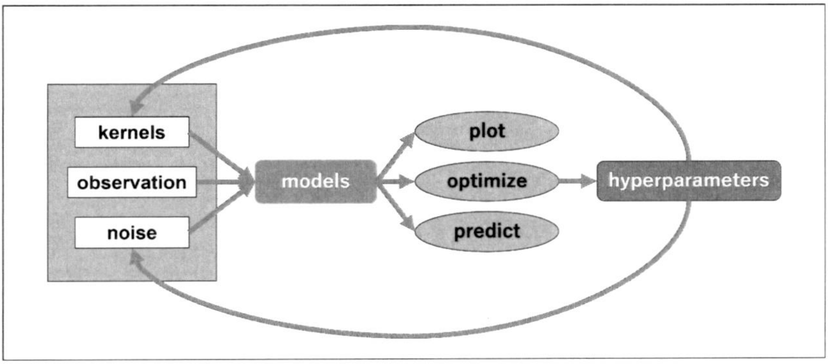

図 7.3 GPy の構造

中核となるのが中央に示すガウス過程モデル (models) であり，カーネル関数 (kernels)，教師データである観測値 (observation)，観測値に重畳するノイズ (noise) によってガウス過程モデルが構築されます。GPML では中核となる唯一の gp 関数の引数として推定メソッドや尤度関数などを明示的に記述していました。一方，GPy ではこれらの関数をラップし

*2) https:www.anaconda.com

*3) http:sheffieldml.github.io/GPy/

た目的別の関数がそれぞれ用意されいるのが大きな相違点です。また，構築されたガウス過程モデルオブジェクトに対するメソッドとして，楕円で示すグラフ作成 (plot)，ハイパーパラメータ (hyperparameters) の最適化 (optimize)，予測分布の推定 (predict) などが実装されています。

7.4.2　ガウス過程回帰モデルのハイパーパラメータの最適化

7.2 節で示した最適化問題を解く GPy のスクリプトを図 7.4 に示します。

```
1  import GPy
2  import numpy as np
3
4  X = np.array([ 0.00, 0.22, 0.44, 0.67, 0.90, 0.16, 0.34, 0.50, 0.73, 1.00])
5  Y = np.array([-0.06, 0.97, 0.25,-0.90,-0.53, 0.94, 0.85, 0.09,-0.93, 0.08])
6
7  ker = GPy.kern.RBF(input_dim=1, lengthscale=np.sqrt(0.005))
8
9  model = GPy.models.GPRegression(X[:,None], Y[:,None], kernel=ker, noise_var=0.01)
10 print(model)
11 model.plot()
12
13 model.optimize()
14 print(model)
15 model.plot()
```

図 7.4　GPy によるハイパーパラメータ最適化のスクリプト

- 7 行目：カーネル関数として RBF 関数を指定すると共に，その引数によって教師データの次元が 1 次元，特性長スケール $\ell = \sqrt{0.005}$ を指定しています。
- 9 行目：教師データ，8 行目で定義したカーネルおよびノイズの分散 $\sigma_n^2 = 0.01$ を指定してガウス過程回帰モデルのオブジェクト model を定義しています。
- 10 行目：定義されたオブジェクト model のパラメータを Spider の Console に表示します（図 7.6 の上）。負の対数尤度がパラメータ Objective として求められていると共に，信号の分散 $\sigma_f^2 = 1$ が選択（7 行目の定義の際にデフォルト処理）されていることが分かります。また，制約条件 (constrains) が '+ve' と表示されているのは，パラメータは正の実数であることを示しています。

- 11 行目：model の予測分布の平均値と信頼区間 (95 %) の領域を図 7.5 の左に示します。
- 13–15 行目：model を構成する 3 つのハイパーパラメータを最適化し，その結果を図 7.5 の右と図 7.6 の下に示します。

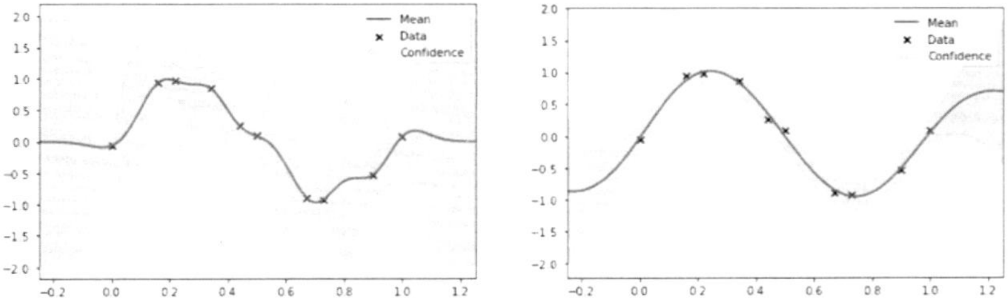

図 7.5　GPy によるハイパーパラメータ最適化のスクリプトの実行結果
左：最適化前，右：最適化後

```
Name : GP regression
Objective : 9.479162608673274
Number of Parameters : 3
Number of Optimization Parameters : 3
Updates : True
Parameters:
  GP_regression.            |                value  |  constraints  |  priors
  rbf.variance              |                  1.0  |      +ve      |
  rbf.lengthscale           |  0.07071067811865475  |      +ve      |
  Gaussian_noise.variance   |                 0.01  |      +ve      |

Name : GP regression
Objective : 2.6372886686790054
Number of Parameters : 3
Number of Optimization Parameters : 3
Updates : True
Parameters:
  GP_regression.            |                value  |  constraints  |  priors
  rbf.variance              |   0.8264369379580285  |      +ve      |
  rbf.lengthscale           |   0.2517571541921763  |      +ve      |
  Gaussian_noise.variance   | 0.007884510192093096  |      +ve      |
```

図 7.6　GPy によるハイパーパラメータ最適化のスクリプトの実行ログ
上：最適化前，下：最適化後

最適化の結果，$\vartheta^* = (0.82644, 0.12676, 0.0078845)$ と $\mathcal{L}(\vartheta)_{\max} =$

-2.6373 を求めることができました。

7.4.3　GPy の特徴

図 7.4 のスクリプトは，図 7.2（GPML による最適化）と図 7.5（GPy による最適化）を比較するために示したものです。GPy によってガウス過程回帰モデルの予測分布を推定するだけであれば，図 7.7 に示す単純化したスクリプトの 7 行目と 9 行目で十分であり，図 7.6 と同じ結果を得ることができます。

```
1  import GPy
2  import numpy as np
3
4  X = np.array([ 0.00, 0.22, 0.44, 0.67, 0.90, 0.16, 0.34, 0.50, 0.73, 1.00])
5  Y = np.array([-0.06, 0.97, 0.25,-0.90,-0.53, 0.94, 0.85, 0.09,-0.93, 0.08])
6
7  model = GPy.models.GPRegression(X[:,None], Y[:,None])
8  print(model)
9  model.optimize()
10 print(model)
```

```
Name : GP regression
Objective : 12.528801444365614
Number of Parameters : 3
Number of Optimization Parameters : 3
Updates : True
Parameters:
  GP_regression.           |  value  |  constraints  |  priors
  rbf.variance             |    1.0  |      +ve      |
  rbf.lengthscale          |    1.0  |      +ve      |
  Gaussian_noise.variance  |    1.0  |      +ve      |

Name : GP regression
Objective : 2.637288668551645
Number of Parameters : 3
Number of Optimization Parameters : 3
Updates : True
Parameters:
  GP_regression.           |                 value  |  constraints  |  priors
  rbf.variance             |     0.826453314560192  |      +ve      |
  rbf.lengthscale          |   0.25175869851529836  |      +ve      |
  Gaussian_noise.variance  |  0.007884539766954914  |      +ve      |
```

図 7.7　単純化した最適化スクリプトと実行結果

7 行目では，教師データのみを引数として指定していますが，デフォルト値として，

- カーネル関数を RBF 関数（1 次元データで信号振幅 $\sigma_f^2 = 1$，特性長スケール $\ell = 1$）
- ノイズの分散 $\sigma_n^2 = 1$

が選択されていることが分かります。

同様に，あらゆる関数には引数が指定されない場合，最大公約数的なデフォルト値が定められていて，ラッパーによる関数の実装と相まって上記の例のように簡潔なスクリプト記述が可能となっています。例えば，plot() 関数にも resolution=200，lower=2.5，upper=97.5 といったデフォルト値が設定されているので，テスト入力 200 点における信頼区間 95 % の領域がプロットされることになります。

7.5 GPy の様々な使用例

7.5.1 予測メソッド

図 7.7 のスクリプトでハイパーパラメータの最適化を行った後，ガウス過程を特徴付ける平均値ベクトルと共分散行列を求めます。得られたガウス過程から 5 つのランダムサンプリングを行ってプロットするスクリプトを図 7.8 に示します。

```
import numpy as np
import GPy
import matplotlib.pyplot as plt

X = np.array([ 0.00, 0.22, 0.44, 0.67, 0.90, 0.16, 0.34, 0.50, 0.73, 1.00])
Y = np.array([-0.06, 0.97, 0.25,-0.90,-0.53, 0.94, 0.85, 0.09,-0.93, 0.08])

model = GPy.models.GPRegression(X[:, None], Y[:, None])
model.optimize()
model.plot()
##
num_sample = 5
xtest      = np.linspace(-0.2, 1.2, 201)[:, None]
mean, cov  = model.predict_noiseless(xtest, full_cov=True)
mean       = mean.flatten()

sample = np.random.multivariate_normal(mean, cov, size=num_sample)
for i in range(num_sample):
    plt.plot(xtest, sample[i, :], linewidth=2.0, linestyle='dotted')
```

図 7.8 予測メソッドの使用例

14 行目の predict_noiseless メソッドでテスト入力 xtest によって，構築したガウス過程回帰の平均値ベクトルと共分散行列を求めています。

17 行目では求めた平均値と共分散が生成する多変量正規分布からランダムサンプリングを 5 回行い，図 7.9 の点線で示します。

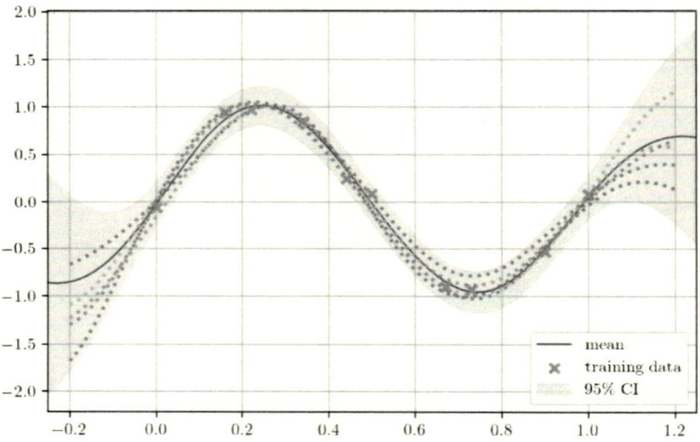

図 7.9　予測分布から得られるランダムサンプリング

7.5.2　カーネル関数の比較

GPy には，様々なカーネル関数が用意されています。5.2.5 項で紹介した代表的なカーネル関数に加え，以下の 2 つのカーネル関数による回帰モデルの予測分布を示します。

コサインカーネル

$$k_{\text{cosine}}(\mathbf{x}, \mathbf{x}') = \theta_1 \cos\left(\frac{\|\mathbf{x} - \mathbf{x}'\|}{\theta_2}\right)$$

周期カーネル

$$k_{\text{per}}(\mathbf{x}, \mathbf{x}') = \theta_1 \exp\left(\theta_2 \cos\left(\frac{\|\mathbf{x} - \mathbf{x}'\|}{\theta_3}\right)\right)$$

それぞれのカーネル関数を構成するハイパーパラメータの数は異なるため，最尤推定結果の良さを評価するための指標が求められます。ハイパーパラメータの数 M を増やすとより良い推定結果を得ることができることから，次式で示す**赤池情報量基準** (Akaike's Information Criterion, AIC) によって，推定結果を評価することができます[*4]。

$$\mathrm{AIC} = -2\mathcal{L}(\boldsymbol{\vartheta}) + 2M \tag{7.4}$$

6 つのカーネル関数による推定結果を図 7.10 に示します。必然のことながら，コサインカーネルの AIC が最小となっています。

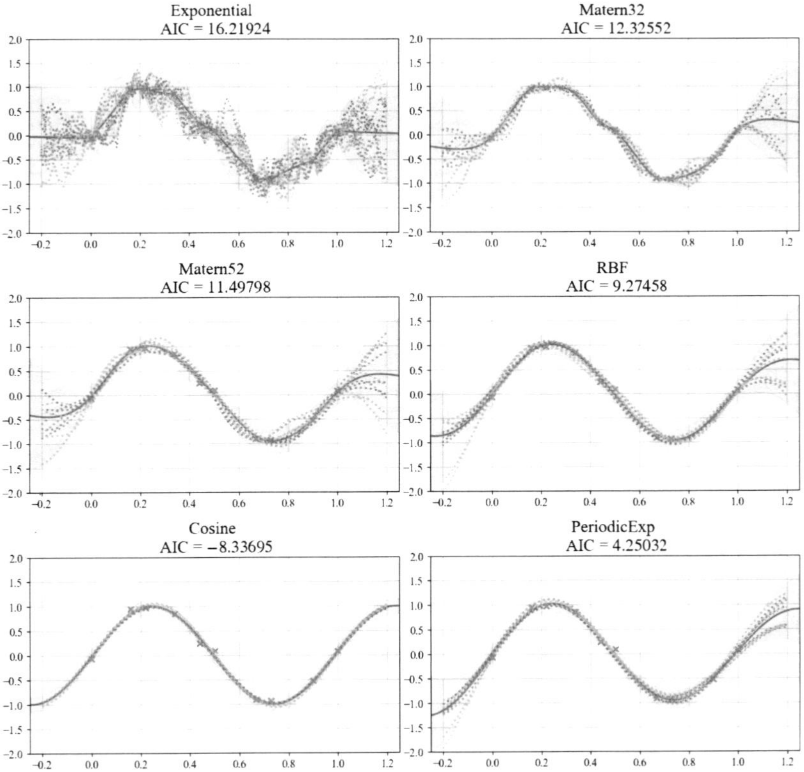

図 7.10　代表的なカーネル関数による予測

*4)　$\mathrm{AIC} = -\mathcal{L}(\boldsymbol{\vartheta}) + M$ とする場合もあります。

7.5.3　勾配法の比較

GPy に実装されている勾配法から 4 つを選択し，収束状況の比較を行います。TNC 法とは，切断ニュートン共役勾配法 (truncated Newton conjugate gradient) で，ヘッセ行列を使用しない共役勾配法です。

6.6 節で紹介したように，勾配法は勾配方向で直線方向探索を反復するアルゴリズムです。いずれのアルゴリズムも図 7.11 に示すように，反復回数が 50 回に達すると収束していることが分かります。

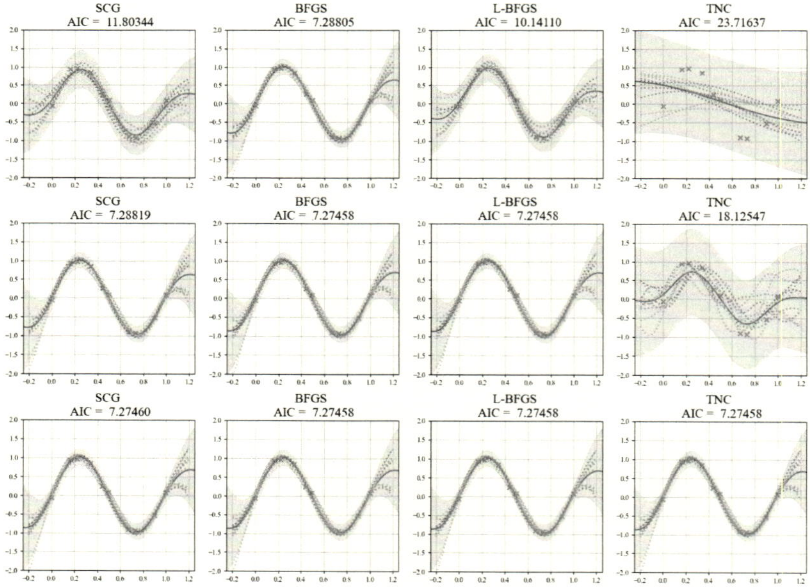

図 7.11　収束状況　（上：10 回，中：20 回，下：50 回）

7.5.4　MCMC 法の使用例

GPy では前章で紹介した MCMC 法は推定メソッドとして提供されています。提案分布を生成するためのステップサイズを 0.01 として実行した結果を図 7.12 に示します。ステップサイズが小さいため，対数尤度の小さな領域から大きな領域へ推移するために約 250 回の反復を繰り返した後，図 6.7 と同様の対数尤度（左上）と 3 つのハイパーパラメータ系列が遷移していく様子が分かります。

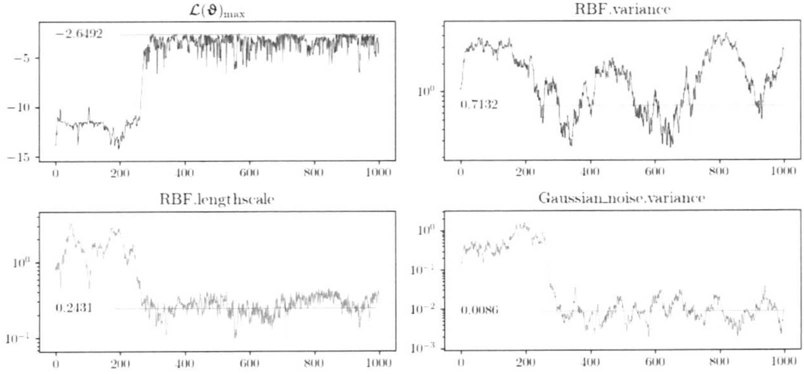

図 7.12　MCMC 法による推定

7.6　GPy による実装例：男子 100 m 走世界記録

ガウス過程回帰は偏微分方程式で表現される物理モデルだけではなく，気候変動に代表される社会問題など様々な分野で利用されています。本節では時系列データを対象として，1960 年 1 月 1 日から 2024 年 7 月までの男子 100 m 競走の世界記録の変遷を表す回帰モデルを求めます。この世界記録の更新の歴史をプロットすると図 7.13 の散布図となり，これまで取り扱ってきた教師データとは以下の点で異なっています。

- 説明変数が日付であり，回帰モデルに要請される実数ではないこと。
- 説明変数の分布が非常に密な領域と疎な領域があること。

このような教師データの特性に対応するために，1960 年 1 月 1 日からの日数を求め，コラムで紹介する 2 つの前処理（標準化と正規化）を行った結果が表 7.1 です。

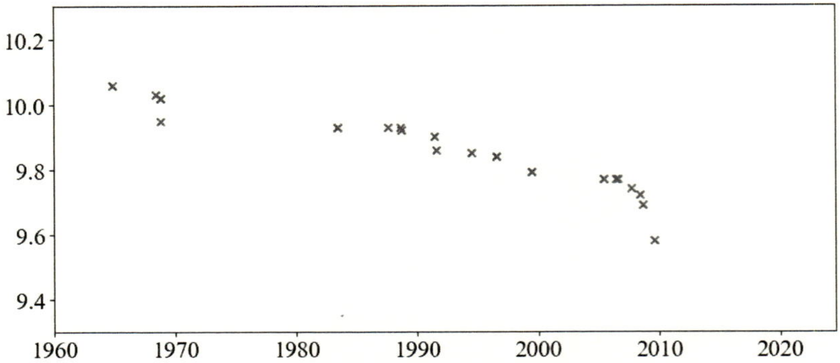

図 7.13　教師データの散布図（横軸：日付）

表 7.1　日付の実数化と前処理の結果

日付	日数 [d]	標準化	正規化
1964/10/15	1,749	-1.834	0.000
1968/06/20	3,093	-1.589	0.082
1968/10/13	3,208	-1.568	0.089
1968/10/14	3,209	-1.567	0.089
1983/07/03	8,584	-0.586	0.417
1987/08/30	10,103	-0.309	0.510
1988/08/17	10,456	-0.244	0.532
1988/09/24	10,494	-0.237	0.534
1991/06/14	11,487	-0.056	0.595
1991/08/25	11,559	-0.043	0.599
1994/07/06	12,605	0.148	0.663
1996/07/15	13,345	0.283	0.708
1999/06/16	14,411	0.478	0.773
2005/06/14	16,601	0.878	0.907
2006/06/11	16,963	0.944	0.929
2006/08/18	17,031	0.956	0.933
2007/09/09	17,418	1.027	0.957
2008/05/31	17,683	1.075	0.973
2008/08/16	17,760	1.089	0.978
2009/08/16	18,125	1.156	1.000

次に，16 通りのカーネル関数と前処理を組み合わせた 32 組の回帰モデルを構築することにします。また，構築された回帰モデルの予測性能を評価するため AIC を評価指標とします。

表 7.2 に 32 組のモデルの AIC を求めた結果をまとめ，それらのうちで AIC が最小となったモデルを下線で示します。

表 7.2 異なるカーネルと 2 つの前処理による AIC の評価結果

	カーネル関数	標準化	正規化
0	Exponential	29.6147	29.6147
1	Matern3	29.6923	29.6923
2	Matern5	29.5580	29.5580
3	RBF	29.1308	29.1308
4	Linear + Exponential	22.0403	27.4787
5	Linear + Matern3	21.5611	28.3713
6	Linear + Matern5	21.4873	28.1361
7	Linear + RBF	21.4135	27.8615
8	Poly(3) + Exponential	23.6111	25.3326
9	Poly(3) + Matern3	23.1809	26.0499
10	Poly(3) + Matern5	23.1197	26.0195
11	Poly(3) + RBF	25.5345	25.9701
12	Linear + Poly(3) + Exponential	21.9601	25.3326
13	Linear + Poly(3) + Matern3	21.4417	26.0499
14	Linear + Poly(3) + Matern5	21.3527	26.0195
15	Linear + Poly(3) + RBF	24.1457	25.9701

この結果から示唆されることは次のとおりです。

- 0〜3 の単独カーネル関数によるモデルと 4〜15 のカーネル関数組み合わせモデルでは明らかに AIC の評価指標が異なり，目的変数が単調減少であることへの対応の是非が現れていると考えられます。
- 説明変数の前処理については，標準化の方が正規化より良い結果となり，説明変数の疎密な分布が影響していると考えられます。
- 正規化で構築したカーネル関数 12〜15 のモデルはカーネル関数 8〜のモデルと同じ結果になっています。カーネル行列の定義域 $[0, 1]$ の場合には，3 次多項式に線形カーネルが生成する線形項の成分が含まれているためです。

次に，それぞれの回帰モデルで得られたカーネル共分散行列と予測モデルの共分散行列，予測分布のプロット例を図 7.14 に示します。

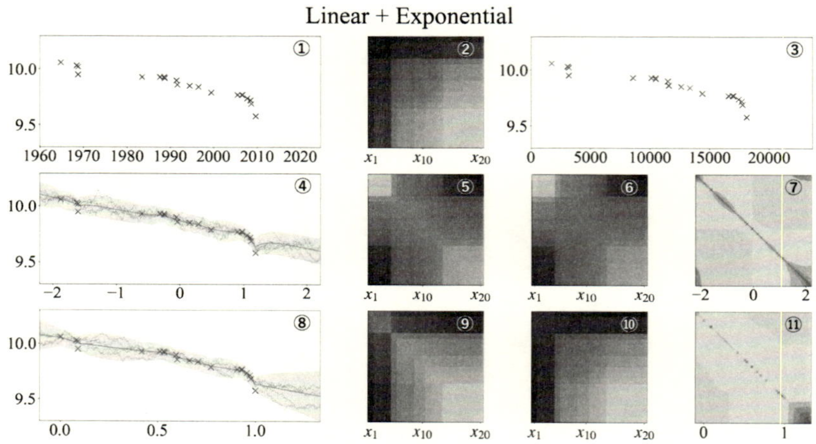

図 7.14　例：回帰モデルのプロット

①③	教師データの散布図
①	横軸：日付（非実数）
③	横軸：1960 年 1 月 1 日からの日数
②	前処理を行わない場合のカーネル共分散行列
④～⑦	標準化による前処理で構築した回帰モデル
⑧～⑪	正規化による前処理で構築した回帰モデル
④⑧	予測分布
⑤⑨	前処理後のカーネル共分散行列
⑥⑩	最適化後のカーネル共分散行列
⑦⑪	最適化後の予測モデルの共分散行列

最後に，以下の結果をそれぞれ示します。

- 図 7.15：均一カーネルによる回帰モデルの例
- 図 7.16：標準化による AIC 最小の回帰モデル
- 図 7.17：正規化による AIC 最小の回帰モデル
- 図 7.18：標準化によるすべてのモデルの予測分布
- 図 7.19：正規化によるすべてのモデルの予測分布

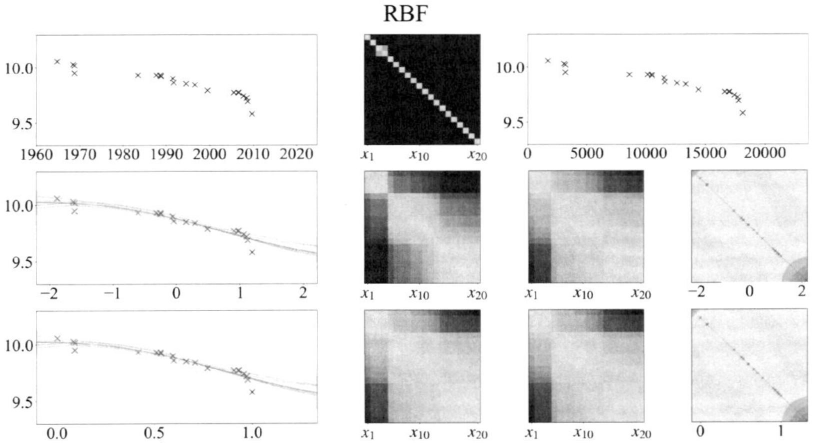

図 7.15　均一カーネルによる回帰モデルの例

指数カーネル，マターンカーネル，そしてガウシアン (RBF) カーネルを構成するカーネル関数は，距離 $r = \|\mathbf{x} - \mathbf{x}'\|$ にのみ依存することから，**均一カーネル** (homogeneous kernel) と呼ばれます。これらのカーネルでは，前処理のアルゴリズムが異なっても最適化後の共分散行列は同じになることが分かります。

また，図 7.16 と図 7.17 からは，ガウス過程回帰は内挿による予測誤差は尤度で評価できるものの，外挿による予測の場合には AIC が低いことが予測誤差が小さいことを保証するとは限らないことを示唆しています。このような場合には，例えば予測モデルの共分散行列の分散を評価するなどの対応が必要になります。

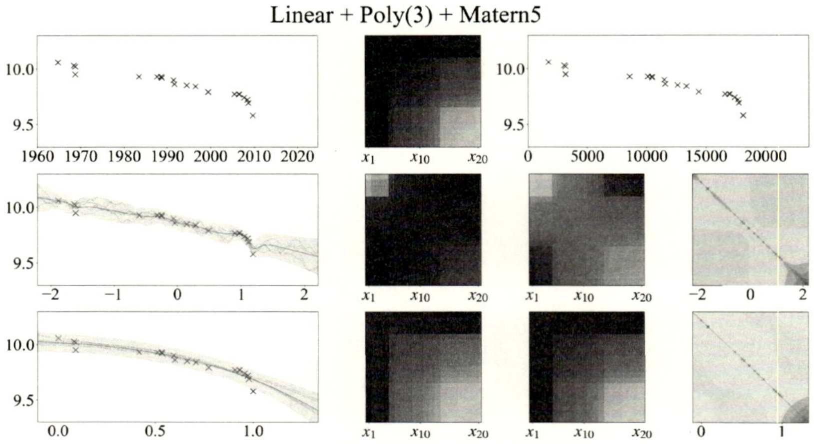

図 7.16　標準化による AIC が最小の回帰モデル（中段）

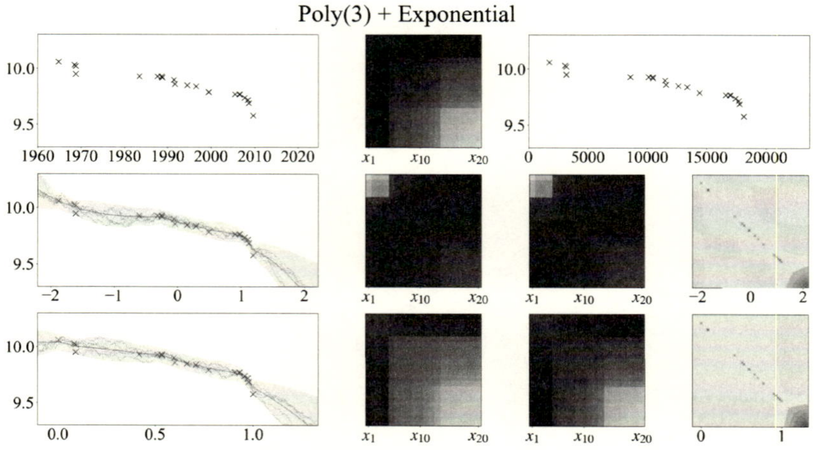

図 7.17　正規化による AIC が最小の回帰モデル（下段）

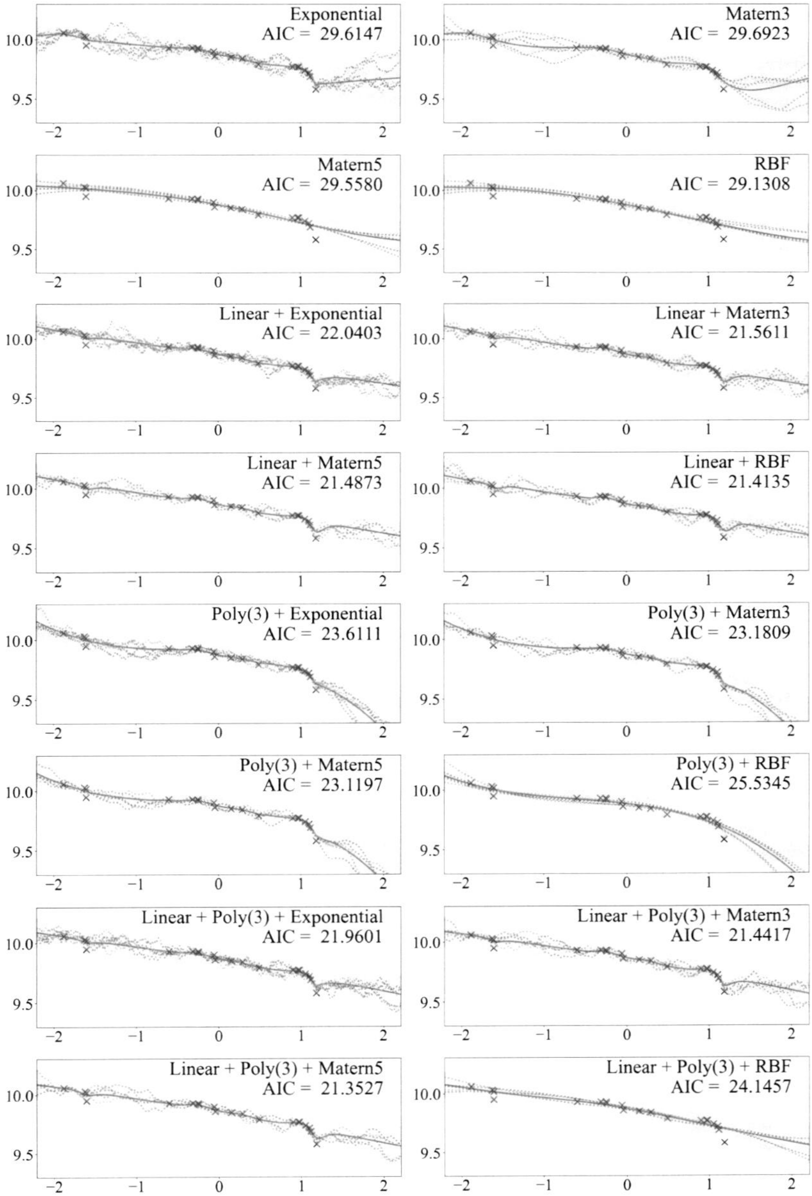

図 7.18 標準化による予測分布

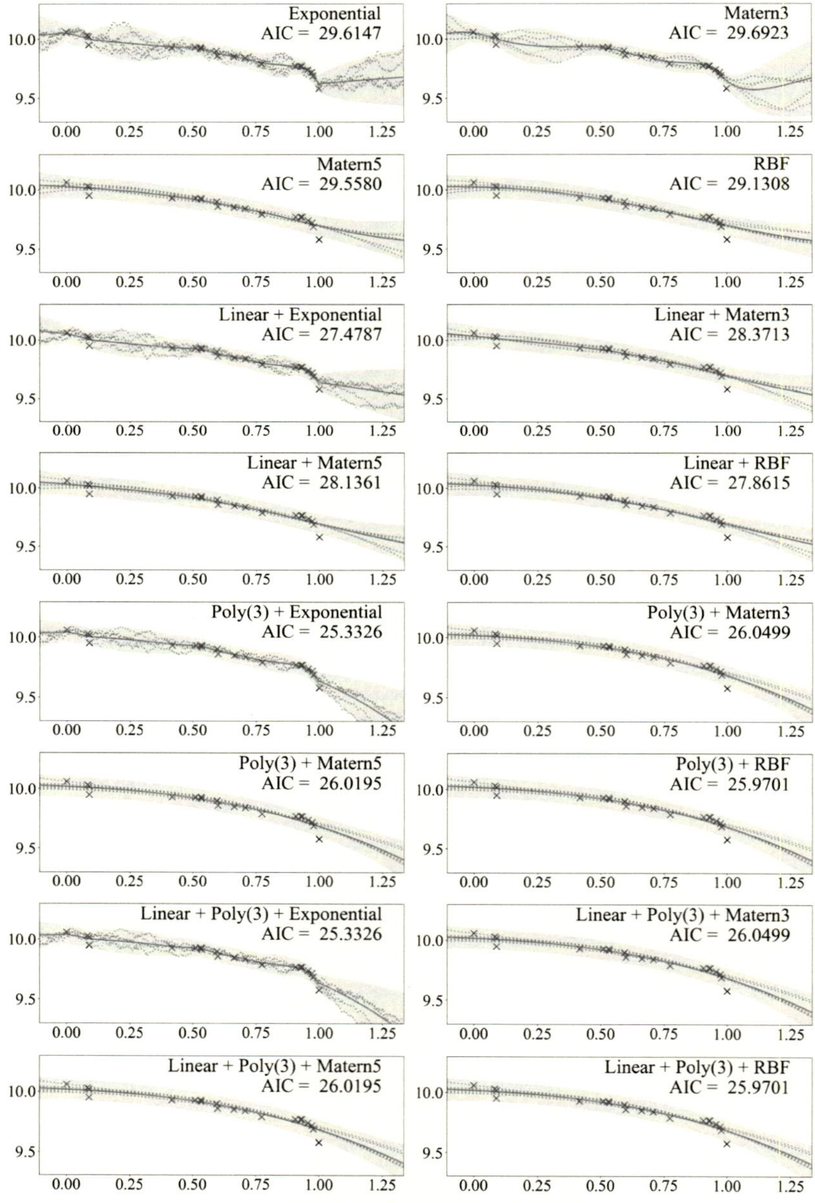

図 7.19　正規化による予測分布

7.7 まとめ

簡単なガウス過程回帰モデルを例として，計算パッケージ GPML と GPy の概要を紹介しました。2 つのパッケージは共に以下のように広い応用範囲をサポートしています。

- 高次元入力への対応
- 回帰モデルのみならず分類モデルへの適用
- 幅広いカーネル関数，尤度関数，推論メソッドのサポート

詳細はそれぞれの参考文献 [1, 2, 3, 4, 6] や WEB 上の紹介記事 [17, 18] を参考にしてください。

また，5.4 節でガウス過程回帰モデルの課題は

- 適切なカーネル関数をどのように選択すればよいか
- 最適なハイパーパラメータをどのように求めればよいか

であるとしました。

後者については第 6 章で様々な手法を紹介しましたが，前者については自動的に最適なカーネル関数を選択する手法は存在しません。本章の図 7.18 と図 7.19 の例のように，複数のカーネル関数から構築された回帰モデルについて，適切な評価指標によって最適なカーネル関数を選択することが求められます。あるいは，過去の事例から得られた経験知がある場合には，それらを活用することもできるでしょう。

コラム：教師データの正規化と標準化

ガウス過程の特性は，カーネル関数によって構成される共分散行列によって決定付けられます。カーネル関数は，教師データのうち説明変数 $\mathbf{x}$ と $\mathbf{x}'$ の関数でした。説明変数の値が広範囲に分布する場合には，カーネル行列の要素が発散したり悪条件となって，逆行列や行列式を求めることができなくなります。

このような場合には，カーネル行列の生成前に説明変数の前処理を行う必要があります。

標準化

標準化 (standardization) は，説明変数の分布を平均が 0，標準偏差が 1 の標準正規分布に変換します。説明変数 x の平均を μ，標準偏差を σ とするとき，

$$\bar{x} = (x - \mu) / \sigma$$

によって変換されます。

正規化

正規化 (normalization) は，説明変数の分布を最大値が 1，最小値が 0 の分布に変換します。

$$\bar{x} = (x - x_{\min}) / (x_{\max} - x_{\min})$$

標準化と正規化の使い分け

最大値や最小値が決められない場合や外れ値が存在する場合には，標準化を適用するケースが多くなります。

第8章

実験計画法とV&Vプロセス

前章で紹介したように，ガウス過程回帰は教師データから最適な回帰モデルを予測する手法でした。それでは，教師データセットのうち説明変数をどのように選択するとよいのでしょうか？

本章では，この問題の解決に資する実験計画法を紹介します。また，第１章で紹介した実験とシミュレーションをサロゲートモデルによる仮想実験で表現し，両者の間に生じる誤差について考察を加えます。最後に，シミュレーションと実験の誤差を検証するV&Vプロセスについて紹介します。

8.1　実験計画法とは

これまで，教師データセットから柔軟な回帰モデルの関数 $y = f(\mathbf{x})$ を推定する確率モデルであるガウス過程回帰を紹介しました。この強力なツールを有効活用するためには，教師データセット

$$\mathcal{D} = \{\, (\mathbf{x}_i, y_i) \,|\, i = 1, \ldots, n, \;\; \mathbf{x}_i \in \mathbb{R}^D \}$$

を効率的に求めるシナリオが必要となります。

ガウス過程回帰の振る舞いはカーネル行列に支配され，その要素は入力 $\mathbf{x}_i$ と $\mathbf{x}_j$ のカーネル関数 $k(\mathbf{x}_i, \mathbf{x}_j)$ で構成されました。このことから，『D 次元空間における n 個の入力をどのように選択すれば効率的にかつ合理的に確率モデルを推定できるか』という問題を解くことが要請されます。

著名な統計学者フィッシャーが提案した**実験計画法** (design of experiments, DOE) の構成要素である直交表，そして直交表をより柔軟な手法に拡張した**ラテン超方格サンプリング** (Latin hypercube sampling) がこの問題への解決手段となります。

8.2　直交表

実験計画法の出発点となった**直交表** (orthogonal array) について，$D = 3$ の場合を例として紹介します。

ガウス過程回帰への入力に相当する条件を設定できる 3 つの項目を要因（因子）と呼びます。図 8.1（左）に示すようにそれぞれの要因ごとに 2 つの条件（水準という）が選択できると想定すると，入力条件の組み合せは図 8.1（中央）に示すように 2^3 =8 通りとなります。図 8.1（右）に示す直交表は，4 通りの組み合せを考えれば各要因の水準が 2 つずつ現れていることが分かり，少ない入力条件で効率的かつ合理的な条件設定が可能であることを示唆しています。この直交表を $L_4(2^3)$ と表すことにします。直交表にはこの他に，2 水準 7 要因を 8 通りの条件で設定できる $L_8(2^7)$，3 水準 4 要因を 9 通りの条件で設定できる $L_9(3^4)$ などが提案されています。

直交表を利用することで，効率的な入力条件を得ることができますが，水準が上記のように離散的（あるいは定性的）である場合には整合性があるものの，連続値をとる要因には対応ができません。そこで直交表のもつ直交性『要因ごとに異なる水準が同数となる組み合せ』を実現する実験計画法が求められることになります。

要因	水準	
(因子)	1	2
X1	x_{11}	x_{12}
X2	x_{21}	x_{22}
X3	x_{31}	x_{32}

条件	X1	X2	X3
1	x_{11}	x_{21}	x_{31}
2	x_{11}	x_{21}	x_{32}
3	x_{11}	x_{22}	x_{31}
4	x_{11}	x_{22}	x_{32}
5	x_{12}	x_{21}	x_{31}
6	x_{12}	x_{21}	x_{32}
7	x_{12}	x_{22}	x_{31}
8	x_{12}	x_{22}	x_{32}

条件	X1	X2	X3
1	x_{11}	x_{21}	x_{31}
4	x_{11}	x_{22}	x_{32}
6	x_{12}	x_{21}	x_{32}
7	x_{12}	x_{22}	x_{31}

図 8.1　入力条件の組み合わせと直交表

8.3　ラテン超方格サンプリング

要因数 $D = 4$ の場合を例に，n =100 組のデータを作成する実験計画法を想定します。それぞれの要因について設計条件の下限値と上限値で正規化した $[0, 1]$ の乱数を発生させた場合，直交性がどの程度担保されるかを確かめることにします。

4 次元の一様乱数発生器[*1)]による**モンテカルロサンプリング** (Monte Calro sampling) を実施した結果を図 8.2 に示します。2 要因間の分布を表す 12 組の散布図と各要因の分布を 0.1 幅の $\sqrt{n}$ =10 個の階級の頻度で表したヒストグラムをまとめて表示しています。散布図からは一見して読み取ることはできませんが，ヒストグラムからは直交性が担保されていな

*1)　例えば，Python による科学技術計算パッケージ NumPy の random.rand 関数や MATLAB の rand 関数があります。

いことが分かります（特に X4）。

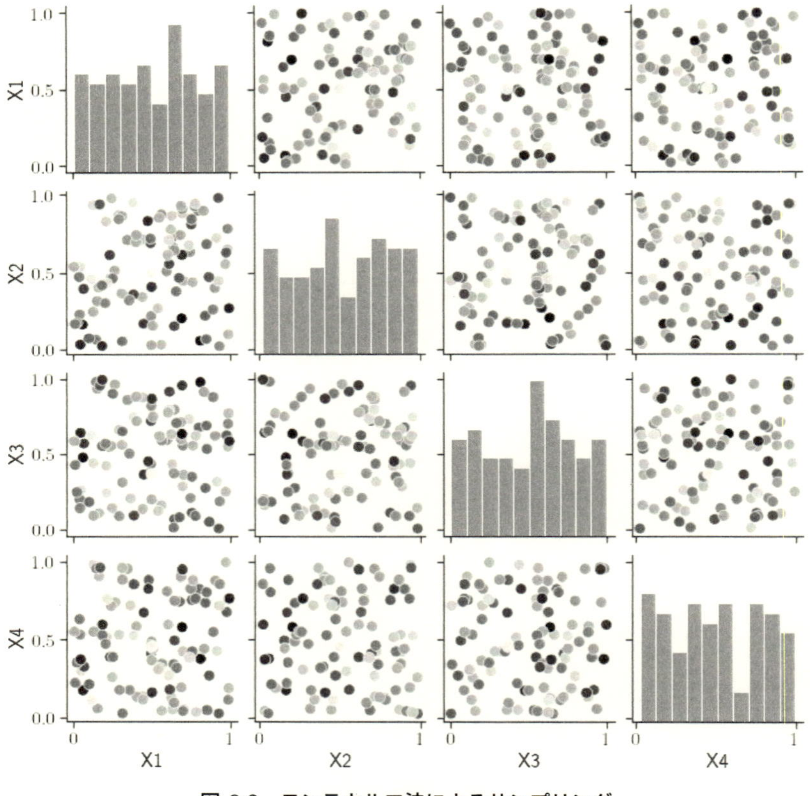

図 8.2　モンテカルロ法によるサンプリング

直交性を担保した乱数発生器がラテン超方格サンプリングです。特に 2 次元の例では，パズル数独のルール『同じ行，同じ列には同じ数が入らない』直交性が採用されていて，ラテン方格と呼ばれています。この直交性を 3 次元以上に拡張したのがラテン超方格です。Python の実験計画法パッケージ pyDOE3*2) を用いて同じように 100 組の乱数を発生させた結果を図 8.3 に示します。モンテカルロサンプリングでは担保されなかった直交性が実現されていることが分かります。

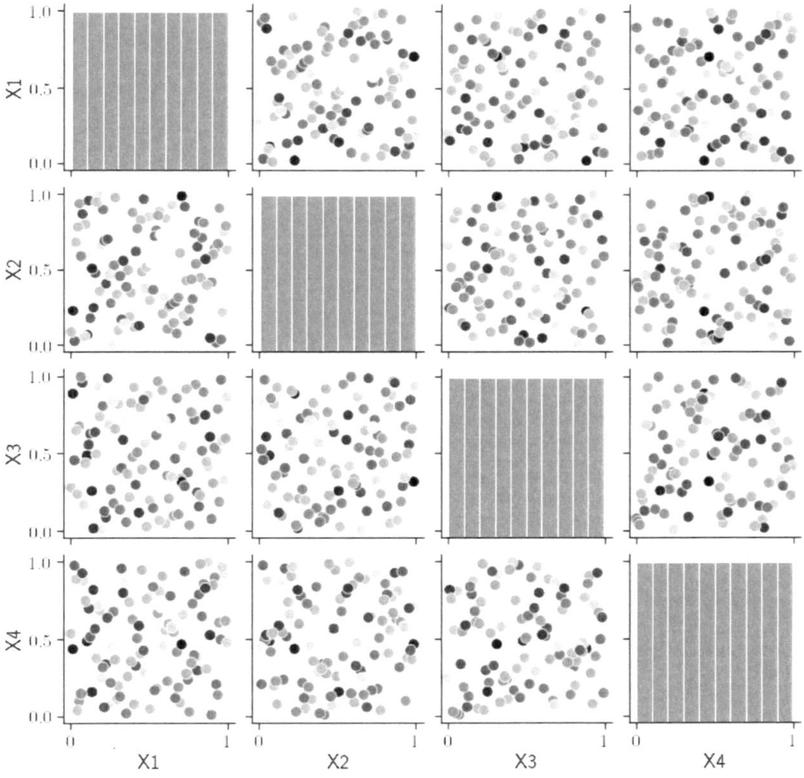

図 8.3 ラテン超方格法によるサンプリング

*2) 他にも scipy.stats.qmc.LatinHypercube 関数も使用できます。また，MATLAB では Statistics and Machine Learning Toolbox に lhsdesign 関数が用意されています。

8.4　ガウス過程回帰とサロゲートモデル

8.4.1　Branin 関数

次式で示す Branin 関数 $f_B(\mathbf{x})$ を例として，ガウス過程回帰によってサロゲートモデルを構築します。Branin 関数を真の分布としたとき，サロゲートモデルがどのような特性をもつ分布になるかを考察します。そして，サロゲートモデルの分布を真の分布に近付けるための手段についても考察を加えます。

$$f_B(\mathbf{x}) = \frac{1}{51.95}\left[\left(x_2 - \frac{5.1{x_1}^2}{4\pi^2} + \frac{5x_1}{\pi} - 6\right)^2 + \left(10 - \frac{10}{8\pi}\right)\cos x_1 - 44.81\right]$$

Branin 関数は，定義域を $x_1 \in [-5, 10]$, $x_2 \in [0, 15]$ としたとき，以下の性質をもっています。

- 3 つのグローバルな極小点：
  $\mathbf{x}_{\min} = (-\pi,\ 12.275),\ (\pi,\ 2.275),\ (3\pi,\ 2.475)$ において
  $f_B(\mathbf{x}_{\min}) = 0.397887$ となります（図 8.4 の × 印）。
- 期待値：$\mathbb{E}\left[f_B(\mathbf{x})\right] = 54.31$
- 確率：$\Pr\left(f_B(\mathbf{x}) > 200\right) = 0.0123$

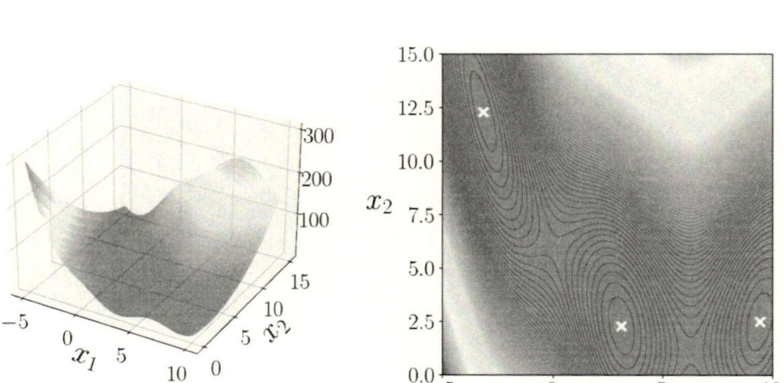

図 8.4　Branin 関数（左：3 次元表面プロット，右：等高線プロット）

8.4.2 実験計画法と Branin 関数を利用した仮想実験

教師データを作成するためのサンプリング手法として，

- 正方格子サンプリング
- モンテカロルサンプリング
- ラテン超方格サンプリング

を適用してサロゲートモデルを構築します。構築したモデルと真値であるBranin 関数の誤差が評価関数である期待値，確率と $\mathbf{x}_{\min}$ におけるモデルの値に及ぼす影響を評価する仮想実験を以下のステップで実行します。

1. サンプリングにより $n = 5^2, 7^2, 10^2, 20^2$ 個の教師データを作成します。
2. カーネル関数を
$$k(\mathbf{x}, \mathbf{x}') = \theta_1 \exp\left(-\frac{\|x_1 - x_1'\|^2}{\theta_2} - \frac{\|x_2 - x_2'\|^2}{\theta_3}\right) + \theta_4 \mathbf{1} + \theta_5 \delta(\mathbf{x}, \mathbf{x}')$$
とします。ここで，Branin 関数から教師データが作成されているので，ノイズの分散は $\theta_5 = 10^{-6}$ と小さな値に固定します。
3. 次章で紹介するハイパーパラメータの最適化を実行し，サロゲートモデルを構築します。
4. 構築したサロゲートモデルの汎化性能を評価するために，モンテカルロサンプリングによりサロゲートモデルから 10^5 個のサンプリングを行い，100 サンプルごとの期待値と確率の推移を求めます。

以上の Branin 関数を使用した仮想実験によって得られた結果を図 8.5（正方格子サンプリング），図 8.6（モンテカロルサンプリング），図 8.7（ラテン超方格サンプリング）にそれぞれ示します。教師データ数の変化 ($n = 5^2, 7^2, 10^2, 20^2$) に合わせた 4 つのプロットは，左から順に以下のデータや収束状況を示しています。

第 1 列：● 印で示す説明変数のサンプル点

第 2 列：サロゲートモデルと Branin 関数の誤差の分布と × 印で示す $\mathbf{x}_{\min}$ におけるサロゲートモデルの予測値と 95 % 信頼区間

第 3 列：確率の収束状況（平均と 95％信頼区間）
第 4 列：期待値の収束状況（平均と 95％信頼区間）

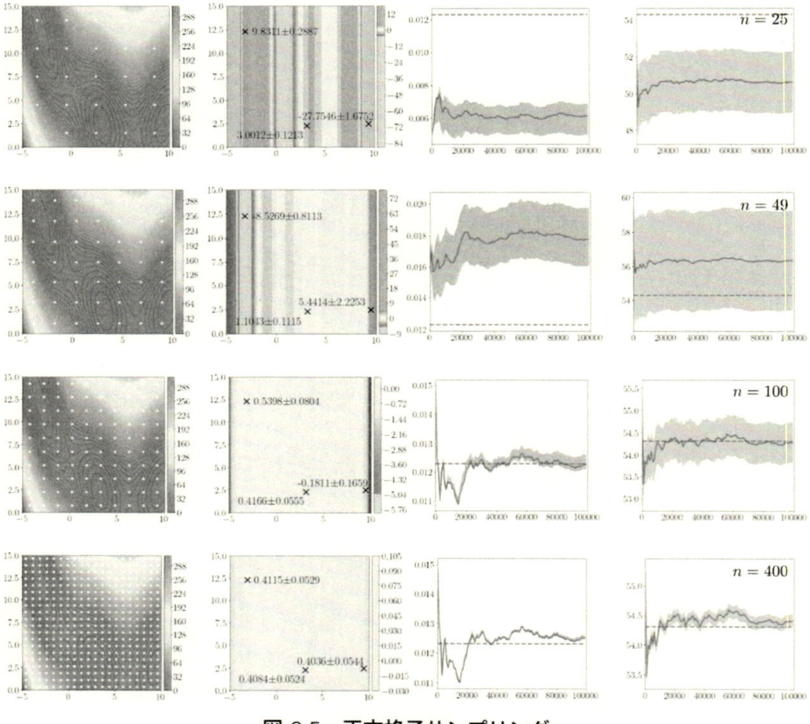

図 8.5　正方格子サンプリング

表 8.1　最適化したハイパーパラメータと対数尤度

	$n=5^2$	$n=7^2$	$n=10^2$	$n=20^2$
θ_1	2.3985×10^5	1.0099×10^5	1.6965×10^4	2.9118×10^4
θ_2	8.6566×10^2	1.5908×10^2	6.8410×10^1	6.5053×10^1
θ_3	6.4330×10^4	5.5690×10^4	2.6427×10^4	3.7780×10^4
θ_4	1.1249×10^{-1}	2.2242×10^0	1.8867×10^0	2.1166×10^0
$\mathcal{L}(\vartheta)_{\max}$	3.6701×10^1	1.3485×10^2	3.9641×10^2	2.1517×10^3

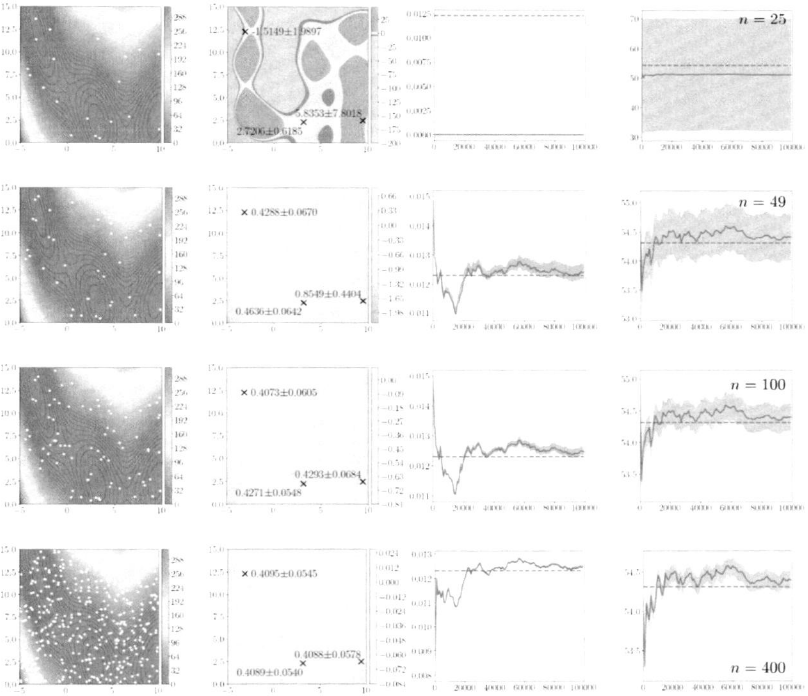

図 8.6　モンテカルロサンプリング

表 8.2　最適化したハイパーパラメータと対数尤度

	$n=5^2$	$n=7^2$	$n=10^2$	$n=20^2$
θ_1	1.0707×10^0	3.6031×10^2	4.1572×10^3	2.0159×10^4
θ_2	3.1843×10^1	4.4867×10^1	5.5916×10^1	6.3456×10^1
θ_3	1.8249×10^1	4.3912×10^3	1.3734×10^4	3.2308×10^4
θ_4	1.0002×10^{-3}	7.0655×10^2	1.6867×10^0	1.8100×10^0
$\mathcal{L}(\boldsymbol{\vartheta})_{\max}$	1.1681×10^1	1.1294×10^2	3.9214×10^2	2.1521×10^3

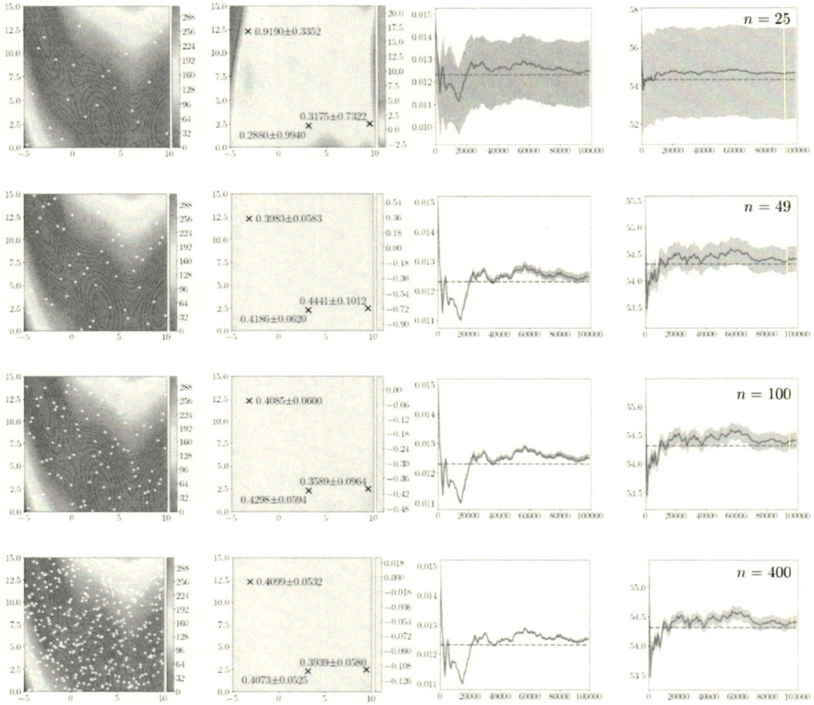

図 8.7　ラテン超方格サンプリング

表 8.3　最適化したハイパーパラメータと対数尤度

	$n = 5^2$	$n = 7^2$	$n = 10^2$	$n = 20^2$
θ_1	2.6362×10^1	1.3860×10^3	4.6808×10^3	2.2217×10^4
θ_2	3.8048×10^1	5.0803×10^1	5.6384×10^1	6.3571×10^1
θ_3	1.0419×10^3	8.1959×10^3	1.5007×10^4	3.3212×10^4
θ_4	3.0989×10^1	3.0376×10^3	1.6268×10^0	1.7977×10^0
$\mathcal{L}(\vartheta)_{\max}$	4.4269×10^0	1.0419×10^2	3.8752×10^2	2.1512×10^3

表 8.1〜表 8.3 の最適化したハイパーパラメータは，教師データのサンプリング方法とサンプリング点数によって大きく異なります。また，グローバル最小値の収束状況も同様に大きく異なります。図 8.8 に

左上：θ_1- θ_4 の変化
左下：θ_2- θ_3 の変化
右上：グローバル最小値の収束状況
右下：グローバル最小値の収束状況（縦軸を拡大）

をプロットします。サンプリング方法にはよらず，サンプル点数を増やすとほぼ同じハイパーパラメータの最適値に収束しています。また，グローバル最小値も同様に収束していることが分かります。一方で，正方格子サンプリングの収束状況は，モンテカルロサンプリングやラテン超方格サンプリングよりも劣ることも読み取ることができます。

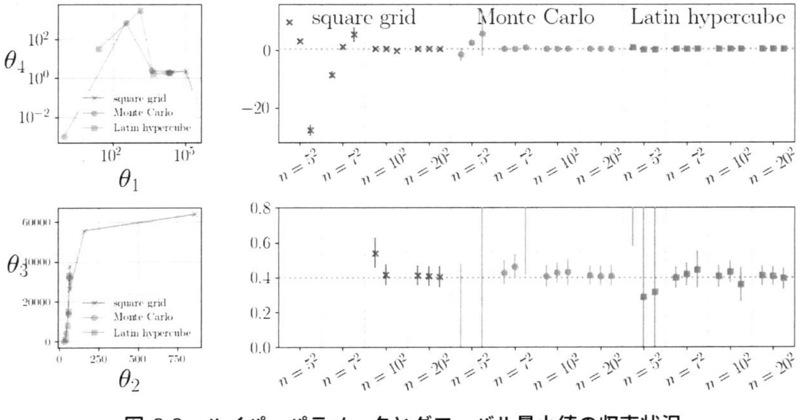

図 8.8 ハイパーパラメータとグローバル最小値の収束状況

モンテカルロサンプリングやラテン超方格サンプリングは収束性能が優れていますが，アルゴリズムの実装に際しては疑似乱数を発生する必要があります。コンピュータで疑似乱数を発生させるアルゴリズムには，生成の種（シード，seed）が必要になります。異なる種に対するハイパーパラ

メータの収束状況の違いを図 8.9 に示します。

下段に示す $\sqrt{\theta_2/2}-\sqrt{\theta_3/2}$ が示す経路は，サンプリング点数の増加に対して同じような経路を示していますが，上段の $\sqrt{\theta_1}-\sqrt{\theta_4}$ が示す経路は，特に $n=5^2$，$n=7^2$ の場合には大きくばらついています。教師データの点数とハイパーパラメータのばらつきの間に発生するトレードオフ問題に対して適切な汎化性能の確認が求められることが示唆されます。

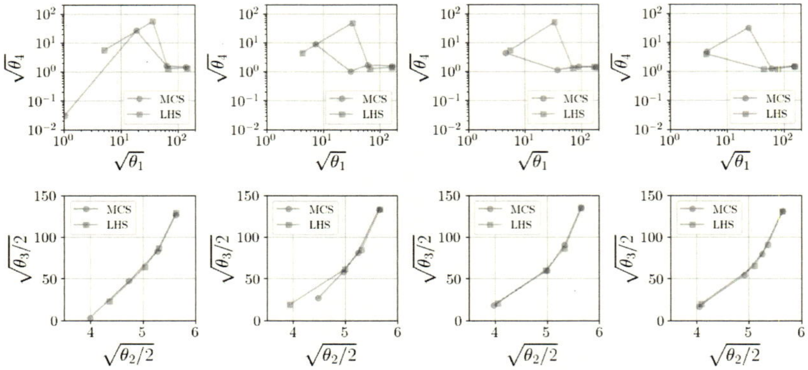

図 8.9　乱数発生の種を変化させたときの実験計画法の比較

8.5　考察：誤差の伝搬

Branin 関数を真の評価対象モデルとし，異なるサンプリング方法で教師データを作成，ガウス過程回帰によってサロゲートモデルを構築しました。サロゲートモデルの誤差が評価関数に及ぼす誤差の伝搬からは，示唆に富んだ貴重な情報を得ることができます。

この仮想実験の一連の工程を図 8.10 に示します。評価対象モデルである Branin 関数は，関数値，評価関数共に真値として扱うことができますが，図 8.10 の中央の分布で示すように最良推定値として構築したサロゲートモデルは真値との誤差とばらつきが存在します（参照：図 3.2)。この誤差とばらつきの発生要因は，以下に示す項目を挙げることができ，そ

の中のいくつかは (*) で示す計算負荷（処理時間）とのトレードオフ問題になります。

- ガウス過程
  - ・カーネル関数の選択
- ガウス過程回帰
  - ・最適化アルゴリズムの選択 (*)
  - ・最適化の収束条件 (*)
  - ・テスト入力の選択
- 実験計画法
  - ・サンプリング方法の選択
  - ・サンプリング点数の選択 (*)
  - ・ランダムサンプリング法の種の選択

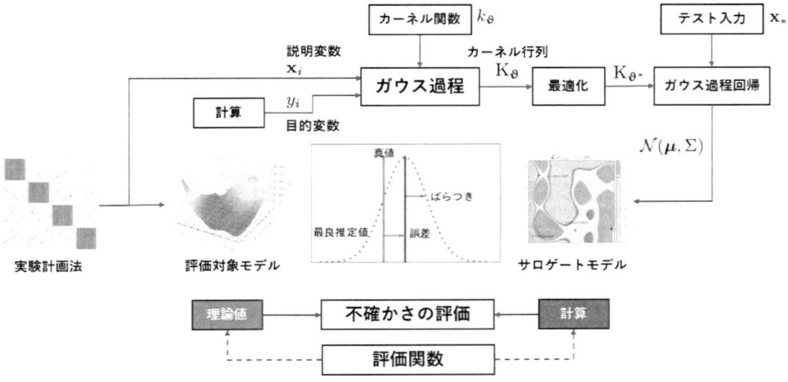

図 8.10 Branin 関数による仮想実験のまとめ

8.6 現実の問題：実験とシミュレーション

コンピューティングパワーの増大が製品開発のプロセスに与えた変革の例として，車の開発における実験とシミュレーション (CAE) の役割を

図 1.3 に紹介しました。この例が示唆することは，製品を構成する部品，アセンブリ，サブシステムなどのすべての階層で次節で紹介する V&V プロセスを実施することで，製品が使用される実環境においてユーザの要求を満たす製品を設計・開発[*3)]することが企業に求められているということではないでしょうか？

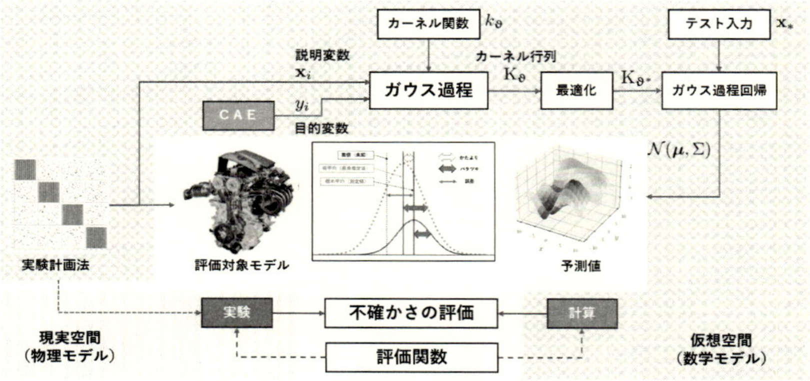

図 8.11　シミュレーションと実験

図 8.11 の上半部は仮想空間における数理モデルを表しています。図 8.10 の Branin 関数による目的変数の計算が CAE による予測データに置き換えられています。また，左下は現実空間における物理モデルを表し，理論値が実験による測定値に置き換えられています。現実の設計に際して，評価対象モデルの設計目標が定められているのは当然ですが，実験結果や CAE の予測結果が設計目標と一致する保障があるわけではありません。図 3.1 で紹介したばらつきとかたよりや，前節で示した教師データのサンプリング方法に起因するばらつきに加えて，CAE モデル起因のばらつきやかたよりも潜在しています。CAE による予測値と実験値の分布を推定し，このような複雑に絡み合っている要因の解析・評価，すなわち『不確かさの評価』が求められることになります。

---

*3)　品質工学の分野ではロバスト設計と呼ばれています。

8.7 品質保証活動と V&V プロセス

V&V プロセス (V&V process) とは，**検証** (verification) と**妥当性確認** (validation) から構成される概念で，ハードウェアのみならずソフトウェアの品質保証活動の中核となる概念です。JIS Q9000-2015「品質マネジメントシステム – 基本及び用語」では，検証と妥当性確認を以下のように定義しています。

3.8.12 検証 (verification)
客観的証拠を提示することによって，規定要求事項が満たされていることを確認すること
3.8.13 妥当性確認 (validation)
客観的証拠を提示することによって，特定の意図された用途又は適用に関する要求事項が満たされていることを確認すること

この定義をシミュレーションと実験について適用した例として，米国機械学会 (ASME) が定めた V&V 標準 (ASME V&V 10−2006) を図 8.12 に紹介します。

ここでは，物理的システムである製品の構成要素を部品，アセンブリ，サブシステムなどの階層構造モデルに展開し，最下層の構成要素から順に V&V プロセスを実行することを提唱しています。

1. 構成要素を概念モデル抽象化（理想化）
2. 概念モデルを数学モデルと物理モデルに展開
3. 数学モデルについて
   (a) 計算モデル（CAE ツール）を実装し，数学モデルとの検証（コード検証）
   (b) 計算モデルによる計算結果と計算モデルとの検証（計算の検証）
   (c) 計算の結果の不確かさの定量化
4. 物理モデルについて

   (a) 実験計画の設計
   (b) 実験計画に基づく実験データの取得
   (c) 実験結果の不確かさの定量化
5. 計算結果と実験結果の定量的比較（妥当性確認）
   (a) 許容可能な比較結果でなければ，ステップ 1 に戻り概念モデルを見直す
   (b) 許容可能な比較結果であれば，より上位の構成要素の V&V プロセスへ進む

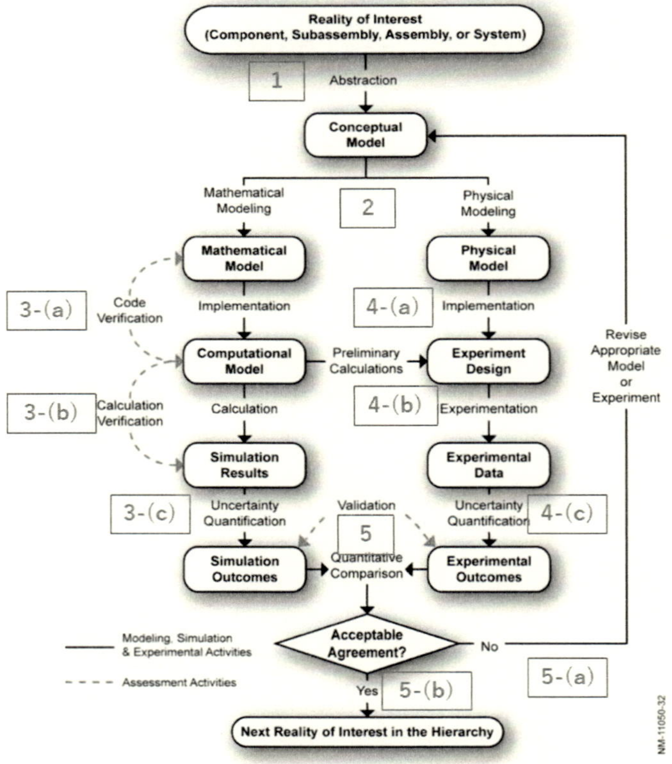

図 8.12　ASME が提唱する階層構造モデルの V&V プロセス [11]

8.8　実験結果とシミュレーション結果との妥当性確認

実験結果とシミュレーション解析結果には不確かさが存在するだけではなく，両者の分布の母平均が一致しないことが発生します。このような不一致が生じるメカニズムと，前節で紹介したV&Vプロセスにおける妥当性確認に求められるアプローチについて紹介します。

実験結果とシミュレーション結果の不一致モデル

実験とシミュレーションとの結果に不一致が生じるメカニズムを表現するモデルの一例が，ASME V&V 20−2013で紹介されています。

前節で紹介したV&Vプロセスにおける妥当性確認の結果，許容できない比較結果であった場合には，概念モデルを見直すことが求められることになります。その場合，数学モデルからCAEツールによってシミュレーション結果を得るプロセスには3つの誤差要因が含まれます。このうち特に数学モデルから計算モデル（CAEツール）を実装する際の理想化に潜む誤差（以降モデル化誤差といいます）に着目することにします。

ここで，真値Tは未知であるとし，実験結果Dの誤差を

$$D - T = \delta_D$$

シミュレーション結果Sには以下の誤差が含まれているとします。

$$S - T = \delta_{model} + \delta_{input} + \delta_{num}$$

ここで，δ_{model}はモデル化誤差，δ_{input}は実験計画法を含む入力パラメータに起因する誤差（境界条件，浮動小数点データの型など），δ_{num}は数値解法に起因する誤差（アルゴリズム，メッシュなど）を表します。このとき，シミュレーションと実験の比較誤差$E = S - D$は

$$E = \delta_{model} + (\delta_{input} + \delta_{num} - \delta_D) \tag{8.1}$$

となります。

未知の真値，4つの誤差，そして比較誤差の関係を図8.13に示します。

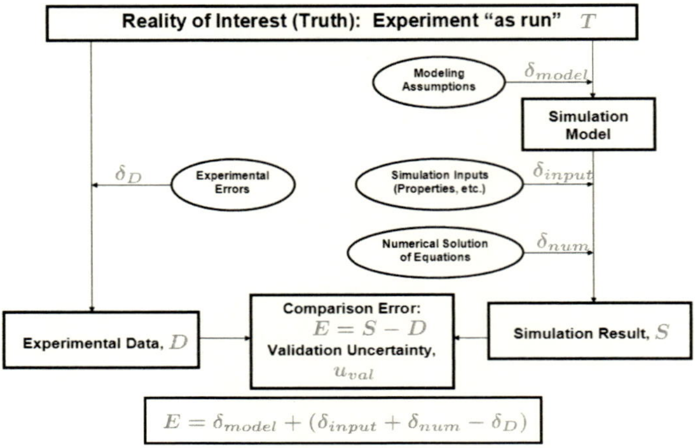

図 8.13　妥当性確認における比較誤差と不確かさ [12]

モデル化誤差の定式化と不確かさの評価

式 (8.1) が意味することは，妥当性確認で得られた比較誤差 E は，真値 T が未知であっても，4 つの誤差で表されるということです。しかし，これら 4 つの誤差もやはり未知であるため，モデル化誤差

$$\delta_{model} = E - (\delta_{input} + \delta_{num} - \delta_D) \tag{8.2}$$

を求めることができません。

参考文献 [9] によると，いくつかの仮定を設定すると以下のようにモデル化誤差を予測することができます。

[仮定 1] 誤差 δ の確率分布 $\tilde{\delta}$ を想定します

$$\tilde{\delta}_{model} = E - (\tilde{\delta}_{input} + \tilde{\delta}_{num} - \tilde{\delta}_D) \tag{8.3}$$

[仮定 2]（既知の）かたよりは事前に補正されているとします

$$\mathbb{E}\left[\tilde{\delta}_{model}\right] = E - \mathbb{E}\left[(\tilde{\delta}_{input} + \tilde{\delta}_{num} - \tilde{\delta}_D)\right] = E \tag{8.4}$$

[仮定 3] 式 (8.2) の右辺の 3 つの分布は無相関とします

このとき，$\tilde{\delta}_{model}$ の分散は

$$\begin{aligned}\mathrm{Var}\left[\tilde{\delta}_{model}\right] &= \mathrm{Var}\left[\tilde{\delta}_{input} + \tilde{\delta}_{num} - \tilde{\delta}_{D}\right] \\ &= u_{num}^2 + u_{input}^2 + u_D^2 \end{aligned} \tag{8.5}$$

となります。式 (8.5) は妥当性確認の結果得られたモデル化誤差の分散を表しているので

$$u_{val}^2 = \mathrm{Var}\left[\tilde{\delta}_{model}\right]$$

とすると，モデル化誤差 δ_{model} の分布は平均が E，分散が u_{val}^2 の確率分布に従うことなります。それぞれの誤差が正規分布に従うときには, 表 3.1 で示したように任意の信頼水準は, 標準偏差にある定数を掛けて得られる信頼区間によって決まりました。誤差が任意の分布に従うときにも, 同様に不確かさ u_{val} に確率分布によって決まる定数 k_* を掛けた $U_* = k_* u_{val}$ によって信頼区間を定めることができます。例えば, 信頼水準を 95 % とする信頼区間 U_{95} について

$$E - U_{95} \leq \delta_{model} \leq E + U_{95} \tag{8.6}$$

が成立します。

妥当性確認の評価結果である U_{95} は, モデル化誤差の評価指標ではなく, δ_{num}，δ_{input}，δ_D のみが寄与しているので，シミュレーションと実験に起因する不確かさを反映させた指標です。V&V プロセスの実施における命題は，$|E| \leq U_{95}$ となる結果を得ることではなく，U_{95} を最小化することであることに留意してください。

モデル化誤差の評価の一例

$|E|$ と $U_{95} > 0$ との関係について, 閾値を定める定数 $C \gg 1$（例えば 10）を導入して以下の 4 通りのケースについてモデル化誤差の絶対値 $|\delta_{model}|$ を評価すると表 8.4 の結果が得られます。また，比較誤差 E と信頼区間 U_{95} の関係を図 8.14 に模式図として示します。ここで，$\vdash\!\!-\!\circ\!-\!\!\dashv$ は $\circ$ で示す比較誤差 E と信頼区間 U_{95} を表しています。また $\longrightarrow$ は，モデル化誤差 δ_{model} の最大値（$E > 0$ の場合）や最小値（$E < 0$ の場合）を表しています。

表 8.4　モデル化誤差 δ_{model} と E および U_{95} の関係

	|E|の範囲	δ_{model} の範囲	δ_{model} の符号
Case1	$\|E\| \geq CU_{95}$	$\delta_{model} \approx E$	E の符号と同じ
Case2	$CU_{95} \geq \|E\| \geq U_{95}$	$\|\delta_{model}\| \leq \|E\| + U_{95}$	E の符号と同じ
Case3	$U_{95} \geq \|E\| \geq U_{95}/C$	$\|\delta_{model}\| \leq \|E\| + U_{95}$	最大値 > 0，最小値 < 0
Case4	$U_{95}/C \geq \|E\|$	$\|\delta_{model}\| < U_{95}$	最大値 > 0，最小値 < 0

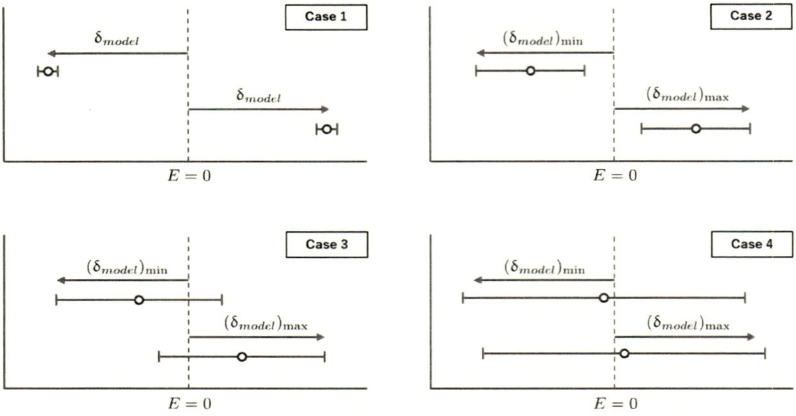

図 8.14　実験とシミュレーションとの比較誤差 E と信頼区間 U_{95}

品質マネジメントの視点から，モデル化誤差 δ_{model} を改善するための意思決定を行う際のガイドラインの例を以下に示します。閾値を定める定数 C の選択には任意性がある上，モデル誤差の発生要因は対象モデルにも依存するため，以下の例を参考に意思決定を行うことが求められます。章末のコラムに紹介する様々な V&V プロセスに関する規格も参考にしてください。

- Case1　$|E| \geq CU_{95}$ の場合：$\delta_{model} \approx E$ であり，妥当性確認の観点からは最も望ましいケースです。モデル化誤差を改善するためには，まず計算モデルの見直しを模索します。計算モデルの見直しの余地がない場合には，実験データによる**校正**（キャリブレーション，

calibration）を実施します。校正の具体例については次章で紹介します。

- Case4 $U_{95}/C \geq |E|$ の場合：信頼区間 U_{95} はモデル化誤差 δ_{model} に依存していないと見なせるので，δ_D，δ_{input}，δ_{num} のいずれか，あるいはすべてについて不確かさを低減するための施策が求められます。

Case2 または Case3 の場合，上記のような明確なガイドラインを示すことはできなくとも，妥当性確認プロセスによってモデル化誤差 δ_{model} の信頼区間 $\pm U_{95}$ が得られていることが重要なポイントです。

V&V プロセスの実施における命題は，$|E| \leq U_{95}$ となる結果を得ることではなく，U_{95} を最小化することであることを再認識してください。

また，8.8 節で設定した 3 つの仮定は強い制約条件であり，必ずしも現実のモデルを表現している保証がないことにも留意してください。

コラム：様々な V&V プロセスに関する標準規格

- ASME

  V&V10−2019:

  Standard for Verification and Validation in Computational Solid Mechanics

  V&V20−2021:

  Standard for Verification and Validation in Computational Fluid Dynamics and Heat Transfer

  V&V40−2018:

  Assessing Credibility of Computational Modeling through Verification and Validation: Application to Medical Devices

- 日本計算工学会

  HQC001−2011:

  工学シミュレーションの品質マネージメント

  HQC002−2011:

  工学シミュレーションの標準手順

第9章

不確かさの定量化のための統合化ソリューション

第7章で紹介したGPyなどの計算パッケージを利用した不確かさの定量化だけではなく，設計の最適化，設計パラメータが目的変数に与える影響を評価する感度解析などを支援する商用ソリューションSmartUQを紹介します。

9.1　SmartUQ とは

本章では，不確かさの定量化を目的に開発された統合化ソリューションである SmartUQ の機能と代表的な応用事例を紹介します。

米国ウィスコンシン州に本社を置く SmartUQ 社は，航空機のジェットエンジン製造会社が抱えていた問題解決のために現在の SmartUQ の原型となるソリューションを開発しました。背景には，ジェットエンジンを構成する部品のスケールが大小様々であり，点数も多いことからより正確な予測モデルを構築する強い要求があったとされています。現在では，航空機だけではなく自動車，タービン機械，医療機器，半導体，エネルギー関連産業など多岐にわたる分野で広く活用されています。

図 9.1 に SmartUQ が提供する機能とそれらを活用する業務のワークフローを示します。

1. 実験計画法による教師データの作成
2. COMSOL Multiphysics*1) によるシミュレーション
3. 予測モデルであるエミュレータ（本章ではサロゲートモデルをエミュレータと呼びます）の構築
4. 交差検証による予測モデルの汎化性能の評価
5. 構築した予測モデルから導かれる確率統計処理
   - 設計空間の探索
   - 感度解析
   - 不確かさの伝搬
   - 設計パラメータの最適化
6. 校正や逆解析

次節以降，SmartUQ と COMSOL Multiphysics を使用したモノ作りにおける不確かさの定量化の具体例を紹介します。本章で太字で表す機能は SmartUQ が提供する機能です。

*1)　スウェーデンの COMSOL AB 社によって開発されたマルチフィジックス シミュレーション プラットフォーム。

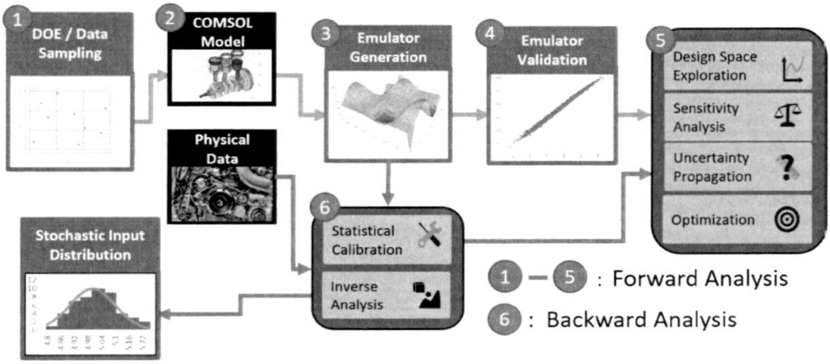

図 9.1 SmartUQ が提供する機能とワークフロー

9.2 鉄製ブラケットの軽量化と疲労強度

9.2.1 問題設定

図 9.2（左）に外形形状（およそ W20 × D30 × H10 [cm]）を示す鉄製のブラケットの 2 つの軸受け穴に矢印で表す逆方向の荷重が繰り返し印加されたときの疲労強度について考察します。CAE によって一定荷重が印加された状態をシミュレーションすると，上部のフランジの隅に最大応力が発生していることが分かります。この最大応力をいわゆる S-N 曲線に適用することで，繰り返し荷重サイクルを何回印加すると破断に至るかを示す疲労強度を推定することができます。

推定した応力分布からは両サイドや底板には大きな応力が発生していないことから，この部分に捨て穴を空けることでブラケットの軽量化を図ることとします。

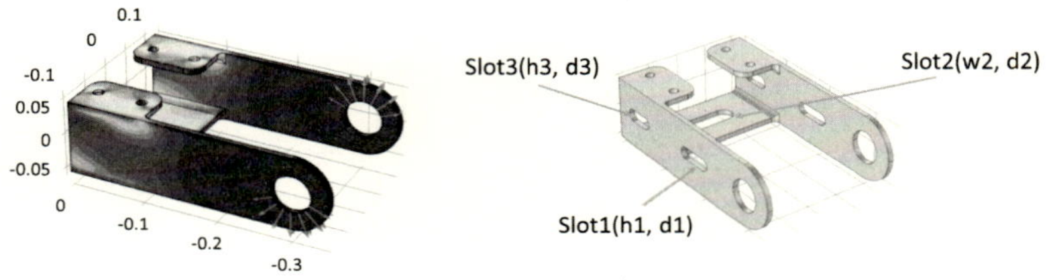

図 9.2　（左）ブラケットにかかる荷重と応力分布，（右）軽量化のための捨て穴

9.2.2　設計目標

図 9.2（左）に示す現行の設計によるブラケットの目標変数の実測値と新たな設計の目標値を表 9.1 に示します。新たな設計目標は，最大変位と疲労寿命を損なうことなく，図 9.2（右）に示す 5 つの捨て穴 (Slot1, Slot2，Slot3) を開けることで軽量化を図ることです。

表 9.1　現行の設計の実測値と設計目標

目標変数	実測値	設計目標
重量 [kg]	6.03	最小化
最大変位 [mm]	2.28	< 2.5
疲労寿命 [ ]	460,000	$> 400,000$

軽量化を実現するための設計パラメータは，図 9.2（右）に示す 6 つの形状寸法と穴加工精度になります。ここでは最適な形状パラメータを推定することを目標とし，加工精度は考慮せず，設計パラメータの下限と上限を表 9.2 の値に設定し，6 次元の設計空間の中で設計目標を満足する設計パラメータを探索します。

表 9.2 設計空間の下限と上限

設計パラメータ	下限 [m]	上限 [m]
h1	0.0025	0.09
d1	0.0025	0.05
h3	0.0025	0.04
d3	0.0025	0.05
w2	0.0025	0.08
d2	0.0025	0.08

9.2.3 逐次型 DOE によるエミュレータの構築

目標変数の振る舞いを表すエミュレータを構築するために，実験計画法による教師データの作成が必要になります。教師データ点数は計算負荷の視点からはできるだけ少なくしたい一方で，汎化性能の優れたモデルを構築するためには多数の教師データを求められます。このトレードオフ問題を解決するための一手法が，互いに独立な教師データセット（これをスライスと呼びます）を複数回作成し，学習と検証を繰り返す**逐次型 DOE**(sequential DOE) です。

図 9.3 にエミュレータを構築する手順を示します。

まず，6 次元空間で逐次型 DOE によって 200 点の説明変数を作成し，作成した説明変数を入力として CAE によって 3 つの目的変数を求め教師データを作成します。この教師データから目的変数ごとのエミュレータを構築します。構築したエミュレータの汎化性能を評価し，不十分な場合には新たなスライスを追加してモデル構築を繰り返します。

この問題では 7 スライス（1400 教師データ）を繰り返すことで，目的変数のうち重量と最大変位について満足のいく結果を得ることができました。

一例として，h1- d3 平面における疲労寿命 (Fatigue) の応答曲面を示します。d3 の変化に対しては大きな変化は見られないものの，h1 が大きくなると急激に疲労寿命が短くなる傾向を読み取ることができます。

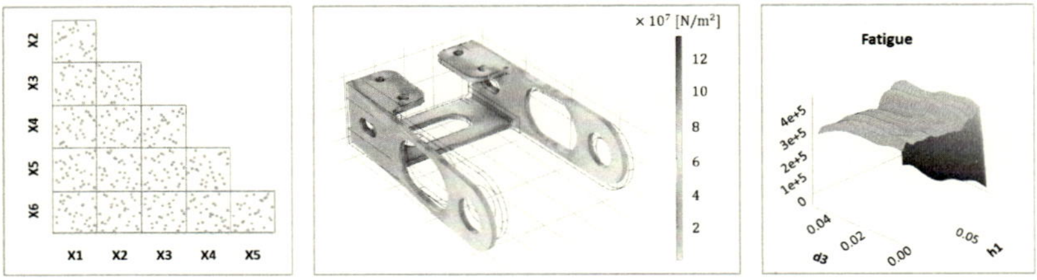

図 9.3　(左) DOE，(中央) CAE による応力分布，
(右) エミュレータの応答曲面

9.2.4　エミュレータの汎化性能

構築したエミュレータの汎化性能を評価するために，1 個抜き交差検証を実施した結果を図 9.4 と表 9.3 に示します。ここで，CV 誤差はそれぞれの目的変数の rms 誤差を表しています。次元が異なる目的変数の汎化性能を評価するために，rms 誤差を目的変数の標準偏差で無次元化し標準化 CV 誤差を求めます。

この結果から，重量については標準化 CV 誤差がほぼ 0 である一方で，疲労寿命については図 9.4（右）からも分かるようにモデルの改善の余地があることが分かります。したがって，図 9.1 の④から①に戻り，エミュレータの再構築を試みる必要があります。

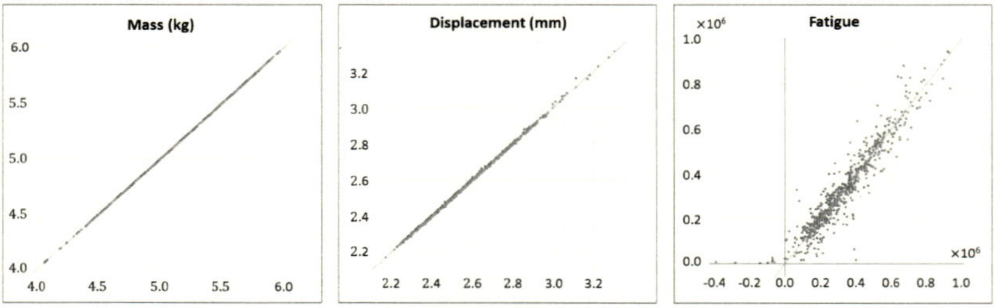

図 9.4　3 つのエミュレータの汎化性能の比較
(縦軸) シミュレーション結果，(横軸) 1 個抜き交差検証結果
(左) 重量，(中央) 最大変位，(右) 疲労寿命

表 9.3 目的変数の交差検証結果

目標変数	CV 誤差	標準化 CV 誤差
重量 [kg]	0.000027	0.000064
最大変位 [mm]	0.005050	0.024882
疲労寿命 [ ]	63, 551.1	0.340287

9.2.5 疲労寿命の劣化要因と対応策

疲労寿命が短くなる原因は，大きな捨て穴のために肉薄になった部位などに応力集中が発生していることです。CAE の解析結果から最大応力が発生する座標を求めると図 9.5 に示す 4 つの応力集中モードを抽出することができ，応力集中モードにラベル（A〜D）を付与することができます。

- モード A: 大きな h1，d1（Slot1 が大きい）
- モード B: 大きな h3，d3（Slot3 が大きい）
- モード C: 小さな h3，大きな d3（Slot3 のアスペクト比が大きい）
- モード D: 現行モデルで発生する一般的なモード

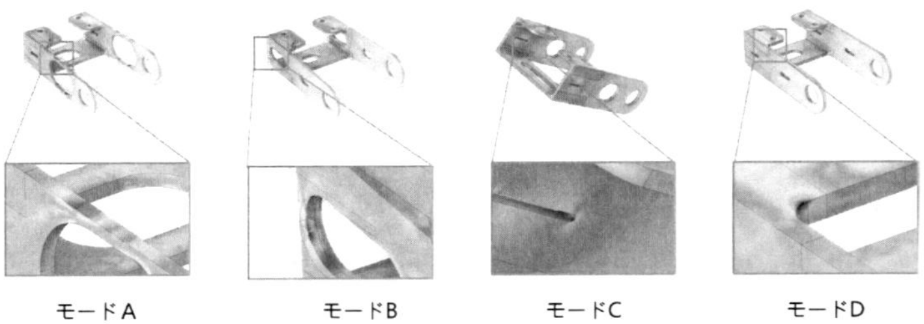

図 9.5 応力集中が発生する部位

離散値である応力集中モードのラベル情報と連続値である実験計画法で求めた説明変数から再度エミュレータを構築します。このモデルを**混合入力エミュレータ** (mixed input emulator)，あるいは**分類エミュレータ** (classification emulator) と呼びます。混合入力モデルで 4 つの応力集中モードを予測し，疲労寿命について交差検証を行った結果を図 9.6 に示します。図 9.4（右）の交差検証結果と比較すると汎化性能が向上しているものの，表 9.4 の交差検証結果からは，モード D 以外の 3 つの応力集中モードについては満足な結果とはいえません。

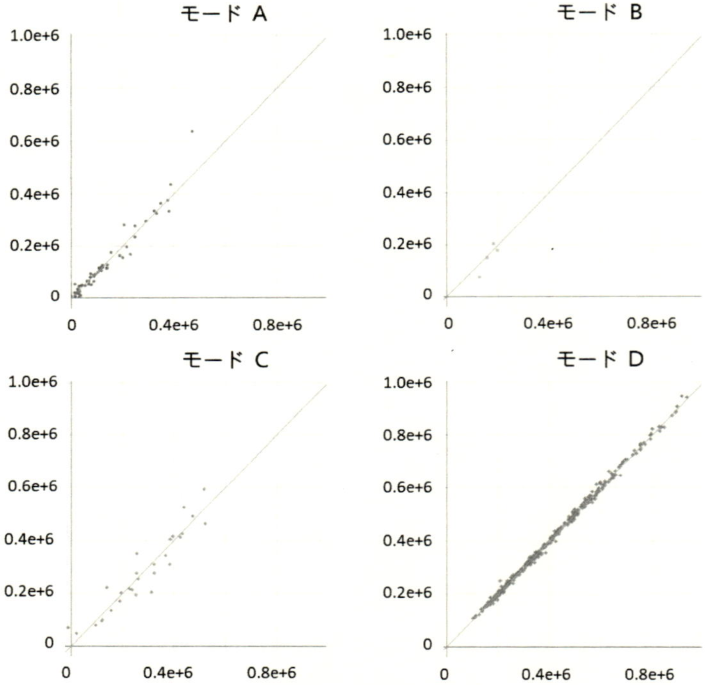

図 9.6　応力集中モードの汎化性能

表 9.4　応力集中モードの交差検証結果

応力集中モード	CV 誤差	標準化 CV 誤差
全体	18,365.59	0.093128
モード A	30,436.01	0.238091
モード B	30,127.96	0.540648
モード C	49,250.92	0.334162
モード D	8,857.79	0.048820

9.2.6 適応型 DOE による応力集中モードの精査

モード D 以外の応力集中モードの汎化性能が不満足な結果となっているのは，当該モードに対応する教師データ数が少ないことに起因しています。その対応策として，逐次型 DOE のスライスを増やすことも考えられますが教師データ数がいたずらに増加するだけで適切なアプローチではありません。

そこで，混合入力モデルによって構築したエミュレータの汎化性能をさらに向上させるために，教師データ数が不足しているモード A，B，C の応力集中領域に的を絞った**適応型 DOE** (adaptive DOE) によって，教師データを 100 点増やします（図 9.7 参照）。新たな教師データを入力として混合入力モデルで応力集中モードを予測します。このプロセスをあるレベルに達するまで繰り返すことで，混合入力モデルの汎化性能を最適化します。

最適化された予測結果を図 9.8 と表 9.5 に示します。明らかにモード D 以外の疲労寿命は，△ 印で示す設計目標の 400,000 回より低い領域に分布していることが分かります。

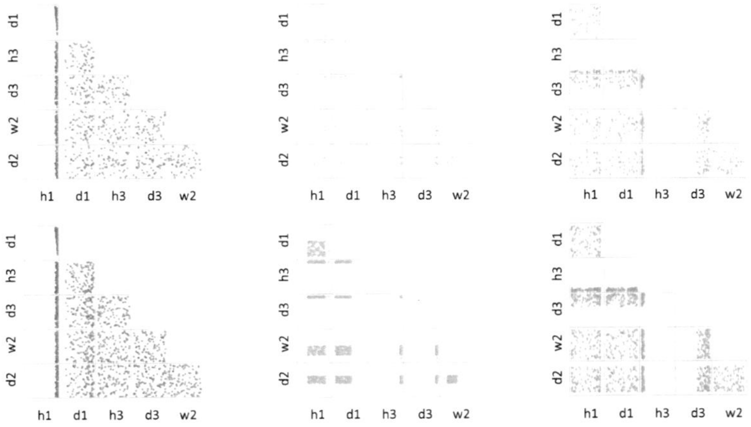

図 9.7 適応型 DOE で作成した教師データ
(上) 適応型 DOE 前，(下) 適応型 DOE 後
(左) モード A，(中央) モード B，(右) モード C

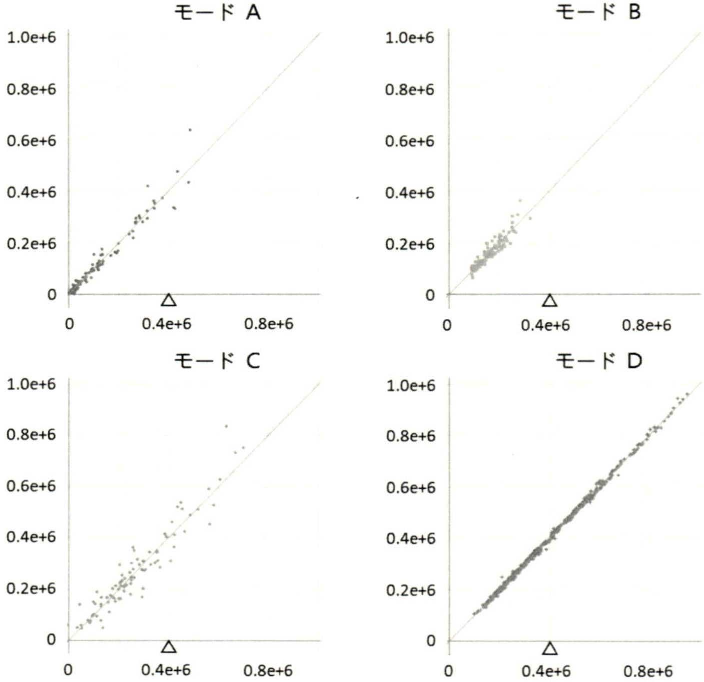

図 9.8　適応型 DOE による応力集中モードの交差検証結果

表 9.5　応力集中モードの交差検証結果

応力集中モード	CV 誤差	標準化 CV 誤差
全体	22, 496.56	0.112835
モード A	27, 535.02	0.213727
モード B	20, 436.60	0.359515
モード C	51, 307.17	0.308427
モード D	7, 549.30	0.041092

9.2.7　設計空間の見直しと最適設計

前項のプロセスで 3 つの主な応力集中モードが発生する設計空間を同定することができました（図 9.7（下）参照）。当初に設定した表 9.2 の設計空間からこの応力集中領域を除くことで，最適な設計空間を再定義することができます。表 9.6 の下線で示すパラメータが再定義された下限または上限です。

表 9.6　最適設計空間の下限と上限

設計パラメータ	下限 [m]	上限 [m]
h1	0.0025273	0.08
d1	0.0025148	0.049985
h3	0.006	0.0375
d3	0.0025148	0.044
w2	0.0025242	0.079976
d2	0.0025242	0.079976

最適な設計空間で構築したエミュレータによる予測結果と最適な設計変数を与えた CAE による検証結果を比較すると表 9.7 となり，両者はよく一致していることが分かります。最適設計条件によって得られた最大応力の発生部位と設計パラメータを図 9.9 と表 9.8 に示します。図 9.1 の応力分布と同様の結果が得られていて，最適設計により最大変位や疲労強度を損なうことなく，重量を約 20 % 削減することができました。

表 9.7　最適な予測値と CAE による検証結果

目標変数	最適な予測値	CAE による検証結果
重量 [kg]	4.6536	4.6537
最大変位 [mm]	2.4986	2.4988
疲労寿命 [ ]	451, 801	459, 660

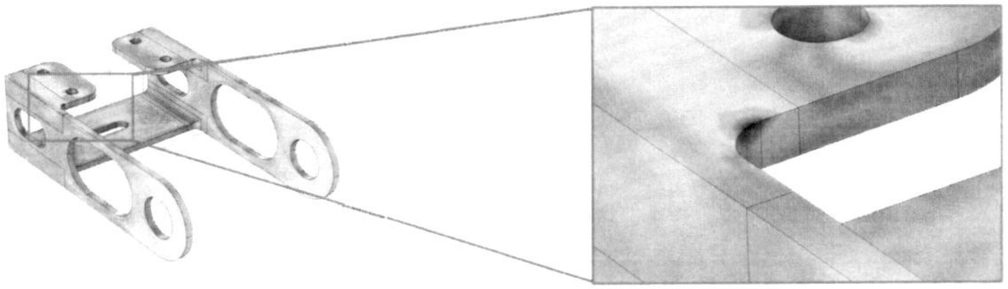

図 9.9　最適設計

表 9.8　最適設計パラメータ

設計パラメータ	最適設計値 [m]
h1	0.07512
d1	0.04992
h3	0.03750
d3	0.02981
w2	0.04424
d2	0.01895

9.2.8　感度解析

最適設計条件を構築したエミュレータについて，グローバル分散分析法の一つである Sobol 法による**感度解析** (sensitivity analysis) を実施した結果を図 9.10 に示します。Sobol 法は，説明変数と目的変数の双方を確率変数として考え，目的変数の分散を説明変数とそれらの交互作用による分散に分解する手法です [10]。左の棒グラフは単独の設計変数のみの感度解析，右の棒グラフはある設計変数と交互作用のある説明変数を加味した感度解析の結果で，それぞれ**主効果指標** (main effect index)，**総感度指標** (total effect index) といいます*2)。

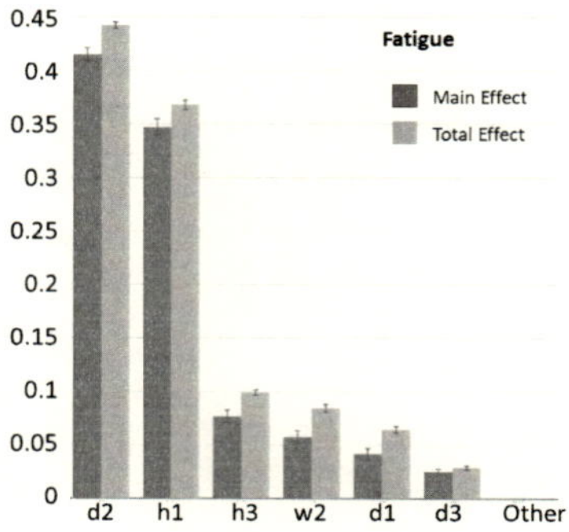

図 9.10　最適設計条件の感度解析結果

*2)　Sobol 法は，Python 用のライブラリ SAlib の sobol 関数で利用することができます。

この結果が示唆するのは，疲労寿命を支配する設計パラメータは，底板に空けたSlot2の奥行d2と側板に空けたSlot1の高さh1であるということです。加工精度の不確かさを含めた他の設計パラメータの影響は小さいことが分かります。

d2が大きくなれば，底板のねじれ剛性が低下し，側板の大きなひねりを引き起こすことになります。また，最適パラメータd2が小さな値になっていることとも符合します。次に，h1を大きくすると重量の低減には寄与するものの，大きくなり過ぎると側板の肉厚が薄くなり疲労寿命に影響を及ぼします。

9.2.9 不確かさの伝搬

6個の設計パラメータの不確かさだけでなく，加工精度と材料特性の不確かさが目標変数である最大変位や疲労強度にどの程度影響を及ぼすかを評価します。ここでは，材料特性としてヤング率EIの不確かさを考えることにします。表9.8の最適設計パラメータに対して，表9.9の不確かさを想定し，**不確かさの伝搬** (uncertainty propagation) を評価した結果を図9.11に示します。

表 9.9 不確かさの上限と下限設定

設計パラメータ		最適設計値	不確かさの下限	不確かさの上限
h1	[m]	0.07512	0.071364	0.078876
d1	[m]	0.04992	0.047424	0.052416
h3	[m]	0.03750	0.035625	0.039375
d3	[m]	0.02981	0.028320	0.031301
w2	[m]	0.04424	0.042028	0.046452
d2	[m]	0.01895	0.018003	0.019898
Δh1	[m]	0	-0.0001	0.0001
Δd1	[m]	0	-0.0001	0.0001
Δh3	[m]	0	-0.0001	0.0001
Δd3	[m]	0	-0.0001	0.0001
Δw2	[m]	0	-0.0001	0.0001
Δd2	[m]	0	-0.0001	0.0001
EI	[GPa]	200	190	210

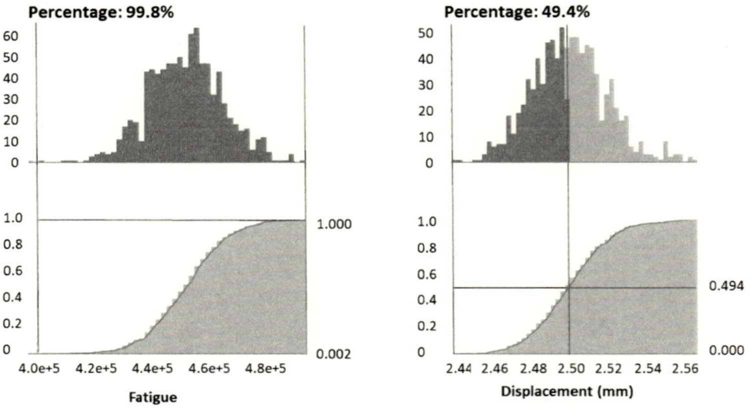

図 9.11　不確かさの伝搬によって生じる目的変数の分布
（左）疲労寿命，（右）最大変位
（上）ヒストグラム，（下）累積確率密度関数

この結果から，疲労寿命については，設計目標 40,000 回を満足する確率が 99.8％ であり，ロバストな設計が担保されていることが分かります。一方で，最大変位については，設計目標 2.5 mm 以下を満足する確率が 49.4％ となります。

9.2.10　設計目標達成の可否判断

不確かさの伝搬で得られた結果は，設計部署だけではなく関連部署を含めた組織全体で共有するのが望ましい情報です。

その上で，軽量化 20％ と疲労強度 40,000 回が達成できているのでこの設計を承認すると，最大変位についてユーザの使用環境でどのようなリスクが生じるかという問題について判断が求められます。

逆に，あくまで最大変位の設計目標を達成するには，重量の削減についてどの程度妥協することになるかを再度検討することになります。

SmartUQ はこのようなトレードオフ問題に対して正解を示唆することはできないため，組織としての意思決定が求められることになります。

9.3 NACA 翼型：航空機の翼の形状の最適化

9.3.1 飛行中の航空機に働く力

一定速度で水平方向に飛行する航空機には，垂直方向では航空機に働く重力と翼から生じる揚力が，また水平方向では推力と翼に生じる抗力が釣り合っています。この翼に生じる揚力と抗力は，図 9.12 に示す翼型と呼ぶ翼の断面形状，翼の対気速度（空気の流速）u，そして迎え角 (Angle of Attack， AoA) と呼ぶ翼の中心線が水平面となす角度 α によって決まります。

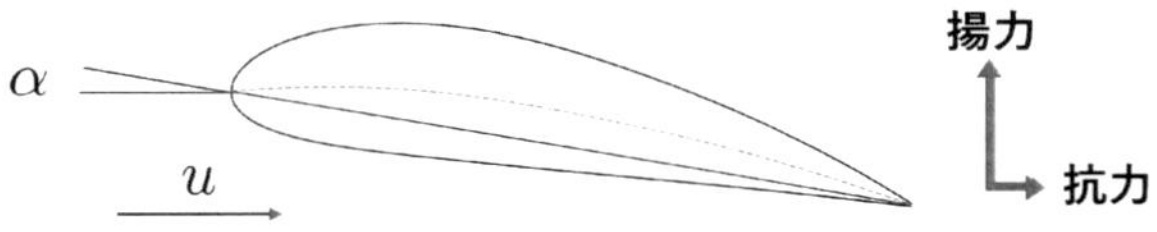

図 9.12　翼型の断面と迎え角

このとき，揚力 F_L と抗力 F_D には，

$$F_L = C_L \frac{\rho u^2}{2} S \tag{9.1}$$

$$F_D = C_D \frac{\rho u^2}{2} S \tag{9.2}$$

という関係が成立します。ここで，ρ は空気の密度，S は翼の代表面積，C_L と C_D は翼型やレイノルズ数などによって決まる無次元量で，それぞれ揚力係数，抗力係数といいます。

レイノルズ数は次式で定義される粘性力に対する慣性力の比で，粘性力が支配的な場合には流れは層流，慣性力が支配的になると乱流に遷移することが知られています。

$$Re = \frac{\rho u L}{\mu} = \frac{\rho u^2}{\mu u / L} \tag{9.3}$$

式 (9.3) に現れるパラメータは以下のとおりです。

ρ　[kg/m^3]　流体の密度
μ　[Pa s]　流体の粘性係数
u　[m/s]　流体の速度
L　[m]　特性長

また，揚抗係数と抗力係数の比

$$C_{L/D} = C_L/C_D \tag{9.4}$$

を揚抗比といい，消費燃料当たりの飛行距離を最大化する指標となります。

迎え角と揚力係数，抗力係数，そして揚抗比の関係の一例を図 9.13 に示します。この例では，迎え角が 6° のときに揚抗比が最大になることが分かります。さらに，迎え角が 20° を超えると抗力係数が急増し，失速 (stall) に至ることも分かります。

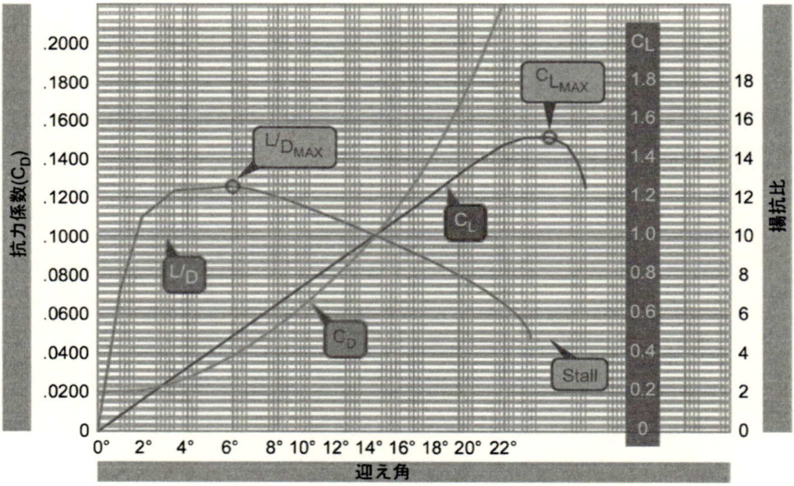

図 9.13　迎え角と揚力係数・抗力係数・揚抗比 [25]

9.3.2 NACA 翼型

NASA の前身である米国航空諮問委員会 (NACA) が定義した翼型は，4 桁・5 桁・6 桁の番号で翼型のパラメータを表します。4 桁シリーズの場合には，図 9.14 の点線で示す翼弦と中心線の差であるキャンバー (camber) と最大翼厚の翼弦 (chord) 長に対する比で翼型を定義し，パラメータを表 9.10 の記号で表します。

図 9.14 に示す翼型は NACA4415 で，最大キャンバーは 4 %，最大キャンバー位置は 40 %，そして最大翼厚は 15 % です。

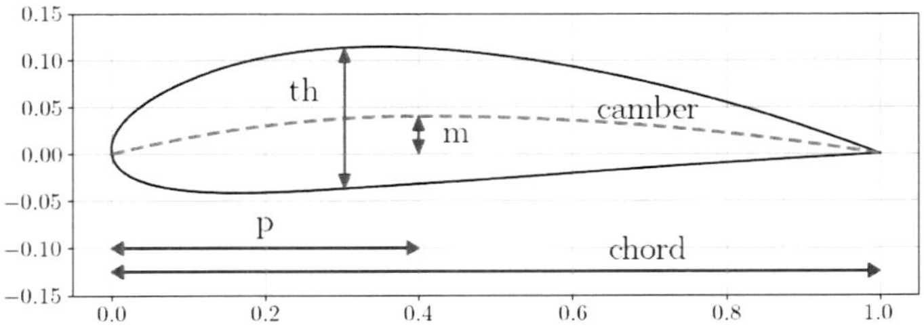

図 9.14　NACA4415 の翼型

表 9.10　NACA4 桁シリーズ翼型の形状パラメータ

数字	記号	諸元
1 桁目	m	最大キャンバー
2 桁目	p	最大キャンバー位置 /10
3,4 桁目	th	最大翼厚

9.3.3 翼型のエミュレータの構築

表 9.11 に示す設計空間で，目的変数を揚力係数，抗力係数，および揚抗比とするエミュレータを構築し，感度解析を実施します。ちなみに，設計パラメータは翼型を定める 3 つのパラメータ，迎え角とレイノルズ数です。レイノルズ数は式 (9.3) で定義されますが，流体の密度 ρ と粘性係数 μ は温度の関数であるので，翼の特性長 L，流体の速度 u と温度 T を設計パラメータに加えます。

表 9.11　設計空間の下限と上限

設計パラメータ	下限	上限
m [ ]	0	0.95
p [ ]	0.3	0.5
th [ ]	0.06	0.3
α [°]	0	10
L [m]	1	1.2
u [m/s]	1	10
T [°C]	10	20

逐次型 DOE の作成

7 次元空間で，1 スライス当たりの説明変数を 50 点とし，10 スライスの逐次型 DOE を作成し，図 9.15 に示します。

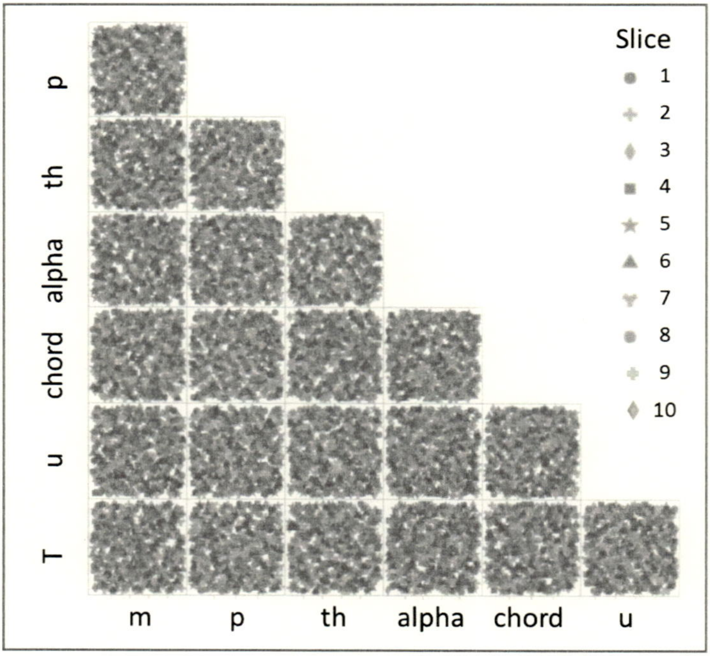

図 9.15　翼型エミュレータ構築のための逐次型 DOE

2 次元流れ解析

図 9.16 のジオメトリとメッシュを生成し，COMSOL Multiphysics が提供する SST (Shear Stress Transport) 乱流モデルによって，揚力係数，抗力係数と揚抗比を求め，500 組の教師データセットを作成します。

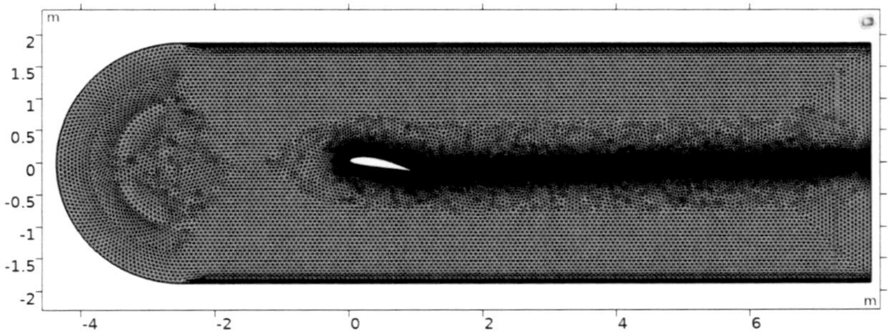

図 9.16　2 次元流れ解析のためのジオメトリとメッシュ

複数のカーネル関数によるエミュレータの構築と交差検証

SmartUQ が提供する複数のエミュレータの構築と交差検証ツールを実行すると図 9.17 の結果を得ることができます。異なる 3 つのカーネル関数（指数，ガウシアン，マターン 5）とリッジ回帰のペナルティ項*3)の選択方法の組み合わせで構築される複数のエミュレータ*4)の交差検証結果を標準化 CV 誤差によって比較することができます。また，スライスの増加に対して目的変数 C_L，C_D と $C_{L/D}$ の標準化 CV 誤差が収束する様子を図 9.18 に示します。スライス数 5 に対応する 250 組の教師データセットでエミュレータを構築すれば，標準化 CV 誤差が汎化性能の目安となる指標の 0.05 以下になって収束していることが分かります。

この例では，図 9.17 の星印で示されるマターン 5 カーネルとペナルティ項を自動で選択した場合が最適なモデルであり，表 9.12 の最適設計パラメータが得られます。

*3)　SmartUQ では，ペナルティ項を nugget と呼んでいます。

*4)　SmartUQ では，ガウス過程回帰をクリギング (Kriging) と呼んでいます。

Emulators	CV			Standardized CV		
	Cl	Cd	Cl/Cd	Cl	Cd	Cl/Cd
Kriging Emulator (kernel=Exponential, nugget=Automatic)	0.13140	0.009437	2.8843	0.31712	0.33807	0.3297
Kriging Emulator (kernel=Exponential, nugget=Estimate)	0.13140	0.009437	2.8843	0.31712	0.33807	0.3297
Kriging Emulator (kernel=Exponential, nugget=0)	0.13140	0.009437	2.8843	0.31712	0.33807	0.3297
Kriging Emulator (kernel=Gaussian, nugget=Automatic)	0.03302	0.003315	0.7483	0.07968	0.11876	0.0855
Kriging Emulator (kernel=Gaussian, nugget=Estimate)	0.03302	0.003389	0.7483	0.07968	0.12142	0.0855
Kriging Emulator (kernel=Gaussian, nugget=0)	0.03302	0.003315	0.7483	0.07968	0.11876	0.0855
Kriging Emulator (kernel=Matern, nugget=Automatic)	☆ 0.02261	0.003187	☆ 0.5020	0.05456	0.11417	0.0574
Kriging Emulator (kernel=Matern, nugget=Estimate)	0.03015	0.003502	0.6499	0.07276	0.12544	0.0743
Kriging Emulator (kernel=Matern, nugget=0)	☆ 0.02261	0.003187	☆ 0.5020	0.05456	0.11417	0.0574

図 9.17　複数のエミュレータの構築と交差検証結果

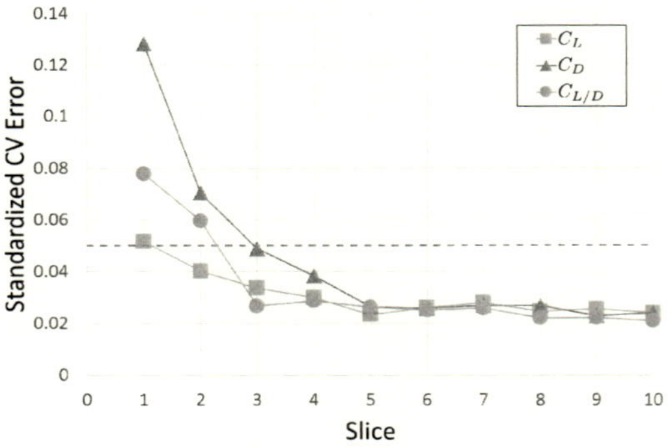

図 9.18　教師データのスライス数とエミュレータの収束状況

表 9.12　最適設計パラメータ

設計パラメータ	最適設計値
m [ ]	0.0474532
p [ ]	0.400280
th [ ]	0.179813
α [°]	4.97805
L [m]	1.09998
u [m/s]	5.49886
T [°C]	14.9958

感度解析

構築された最適なエミュレータの感度解析を行うと，図 9.19 の結果が得られます。この結果から，揚力係数と抗力係数に対して支配的なパラメータは，翼型のパラメータ（最大翼厚，最大キャンバー）と迎え角であり，レイノルズ数を定義するパラメータ（コード長，流体速度，温度）や最大キャンバー位置はほとんど無視できるレベルであることが分かります。さらに，揚抗比については最大翼厚がわずかに変化しただけで大きな変動を受けることが分かります。この結果から，レイノルズ数が一定の条件下で異なる翼型について実験データとエミュレータによる予測結果を比較することが有意義であることが示唆されます。

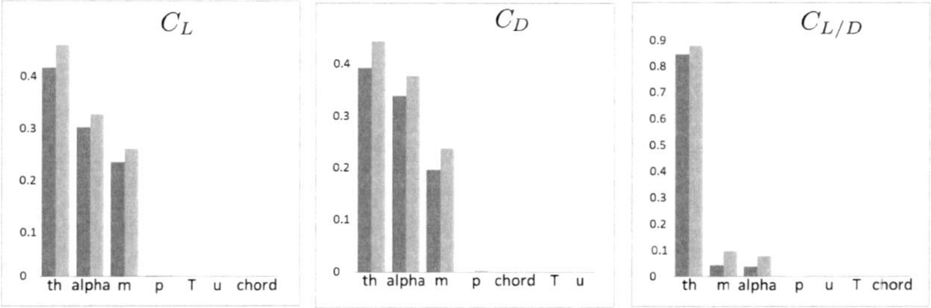

図 9.19　エミュレータの感度解析結果

9.3.4　NACA 翼型のエミュレータと実験データの比較

NACA のラングレイ研究所の 2 次元低乱流圧力風洞*5)で行った実験の報告レポート [26] には 15 種の 4 桁シリーズ翼型の実験データが紹介されています。この中から，一例として翼型 NACA4415 の実験データを図 9.20 に示します。このデータには，異なるレイノルズ数において迎え角を変化させたときに得られた C_L と C_D の測定値がプロットされています。

*5)　1931 年に建造された測定部の断面が 9 m × 18 m の大型空洞です。

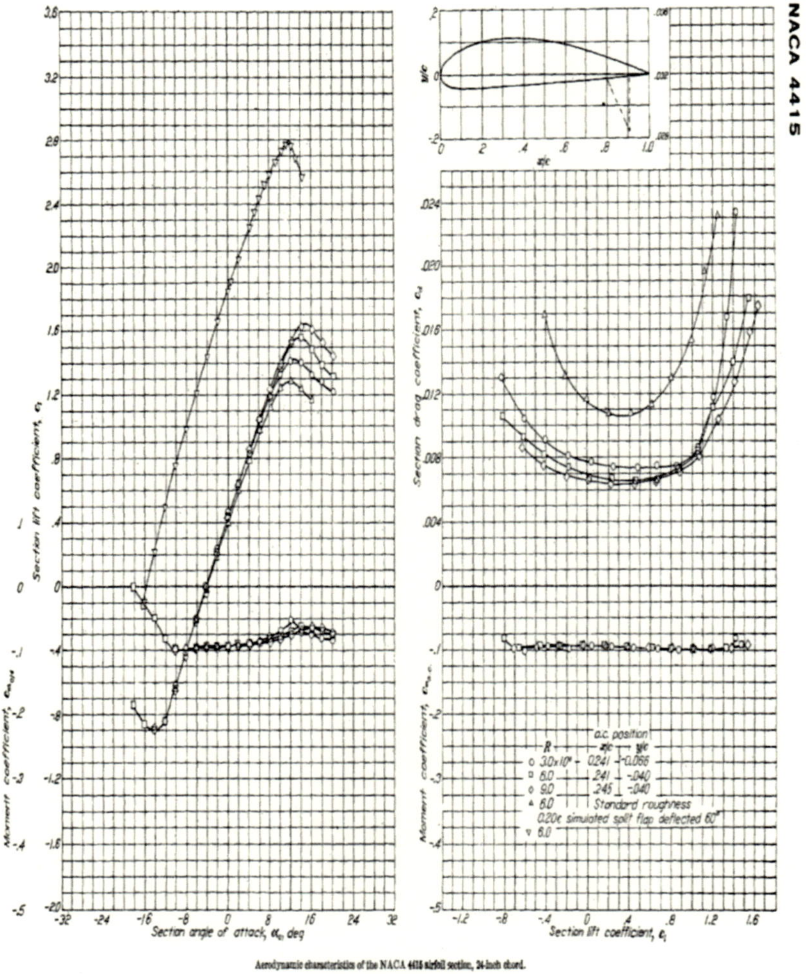

Aerodynamic characteristics of the NACA 4415 airfoil section, 24-inch chord.

図 9.20　NACA4415 実測データ（左：C_L，右：C_D）

この風洞実験データから，表 9.12 の最適設計パラーメータに近い形状の翼型 (NACA1408，2424，4415) の測定値を抽出します。このとき，前項の感度解析の結果で示唆されたことから，レイノルズ数が $Re = 6 \times 10^6$ の測定値を選択した結果を表 9.13 にまとめました。

表 9.13　3 つの翼型の風洞実験データ

α	NACA1414 C_L	NACA1414 C_D	NACA2424 C_L	NACA2424 C_D	NACA4415 C_L	NACA4415 C_D
0	0.10	0.0089	0.10	0.0128	0.40	0.0108
2	0.30	0.0094	0.29	0.0130	0.60	0.0112
4	0.53	0.0108	0.60	0.0145	0.79	0.0130
6	0.72	0.0140	0.71	0.0201	0.99	0.0152
8	0.92	0.0210	0.77	0.0225	1.11	0.0197
10					1.23	0.0231

一方で，COMSOL Multiphysics によって，3 つの翼型について C_L と C_D を解析した結果を表 9.14 に示します。最大キャンバーが大きくなるにつれて，実験データとシミュレーション結果の差が大きくなる傾向が分かります。特に C_L よりも C_D の方がその傾向が強く現れていて，最大ではおよそ 2 倍の差となっています。

シミュレーション結果と実験データの差を適切なレベルにするためには，シミュレーションモデルの見直しを行うことも考えられますが，ここでは表 9.13 と表 9.14 のデータを活用し，両者の差を表現する確率モデルを構築し，校正を行うアプローチを採用することにします。

表 9.14　3 つの翼型のシミュレーション結果

α	NACA1414 C_L	NACA1414 C_D	NACA2424 C_L	NACA2424 C_D	NACA4415 C_L	NACA4415 C_D
0	0.11679	0.009797	0.18827	0.023178	0.47260	0.015412
2	0.34670	0.011167	0.36331	0.025233	0.70052	0.017178
4	0.57682	0.015252	0.52651	0.028411	0.91643	0.020467
6	0.78406	0.024357	0.64703	0.035016	1.1252	0.025266
8			0.72162	0.045350	1.2804	0.032339
10					1.3652	0.043166

9.3.5　不一致モデルの構築と校正

図 9.21 に示すように，シミュレーション結果と実験結果の差をバイアスといいます。バイアスに対応する確率モデルが**不一致モデル** (discrepancy model) です。表 9.15 のパラメータの範囲で，表 9.13 の実

験結果と表 9.14 のシミュレーション結果を学習して不一致モデルを構築します。

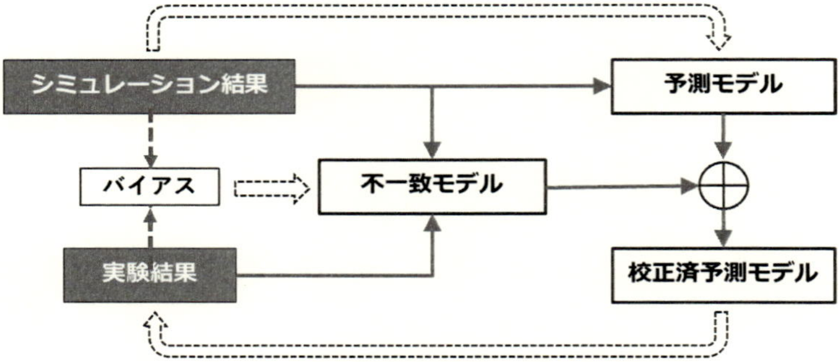

図 9.21　不一致モデルの位置付け

表 9.15　不一致モデル構築のためのパラメータの下限と上限

設計パラメータ	下限	上限
m [ ]	0	0.095
p [ ]	0.4	0.4
th [ ]	0.06	0.3
α [°]	0	10

構築された不一致モデルとシミュレーション結果から構築される通常の予測モデルから，実験結果に対応する確率モデルである校正済予測モデルを構築します。ちなみに，図 9.21 の 3 つの確率モデルはそれぞれエミュレータです。

校正済予測モデルによって 3 つの翼型のシミュレーション結果を**校正** (calibration) すると，図 9.22 の結果が得られます。鎖線 (C_L) と一点鎖線 (C_D) のプロットが校正済予測モデルから得られる予測データです。実験結果とシミュレーション結果のバイアスが校正によって補正されていることが分かります。

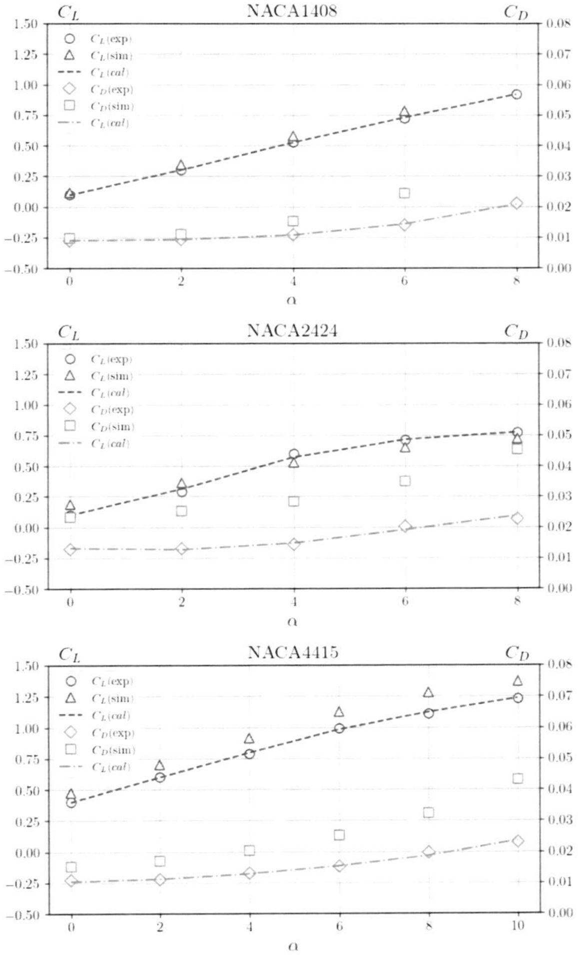

図 9.22　3 つの翼型の校正結果

最後に，不一致モデルの汎化性能を検証するために，学習に使用した翼型とは異なる 3 つの翼型 (NACA1412, NACA2415, NACA4412) について，通常の予測モデルを構築し，校正済予測モデルで校正します。図 9.23 に実験結果と校正された予測結果を示します。NACA2415 の C_L

と NACA4412 の C_D については，不一致モデルとバイアスの間の不正確さ（残差）が見られますが，その他の検証結果については良い結果が得られています。

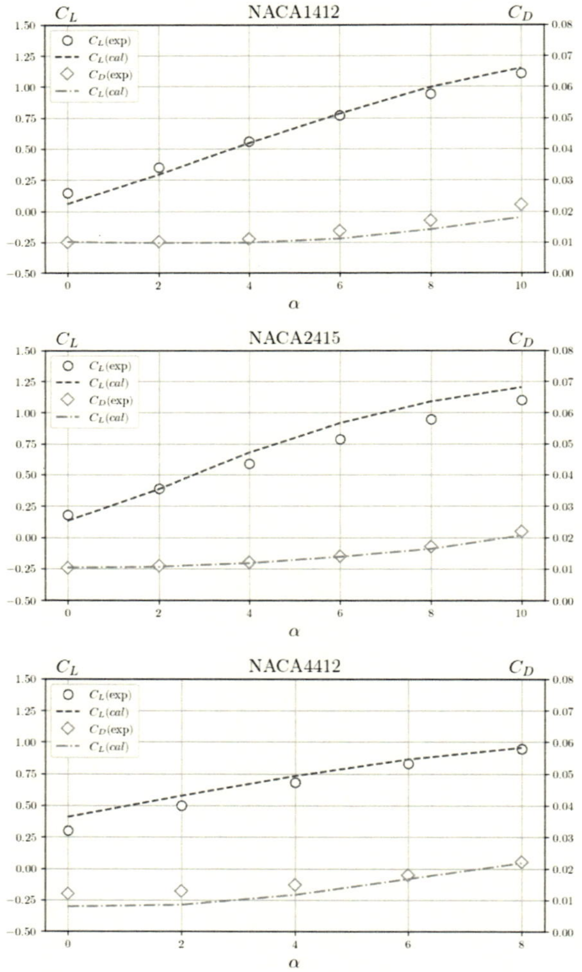

図 9.23　不一致モデルの検証結果

9.4 おわりに

SmartUQ に実装されている最も重要な機能は，本書でも詳細を紹介した実験計画法とガウス過程回帰によって構築されるエミュレータです。構築されたエミュレータを交差検証によって満足な汎化性能であることが確認できれば，CAE によるデータサンプリングに比較して極めて高速かつ大量の予測データのサンプリングが可能になります。そして予測データは点推定ではなく，不確かさをもつ区間推定として得ることができため，様々な確率・統計手法が適用できることが最大の特長です。

本章では SmartUQ による 2 つの具体的な解析事例を紹介しました。これらの事例が示すように，SmartUQ はエミュレータから得られる不確かさの定量化を基本機能とし，本書では紹介できなかった機能を含め多様な活用手法を提供しています。一例として以下の機能を紹介します。

- 高次元データの可視化ツール（図 9.24 の Multiview 機能）
- 説明変数に時系列データを含むエミュレータの構築
- 次元削減に有用な主成分分析 (principal component analysis, PCA)
- COMSOL Multiphysics などのシミュレータとの連携

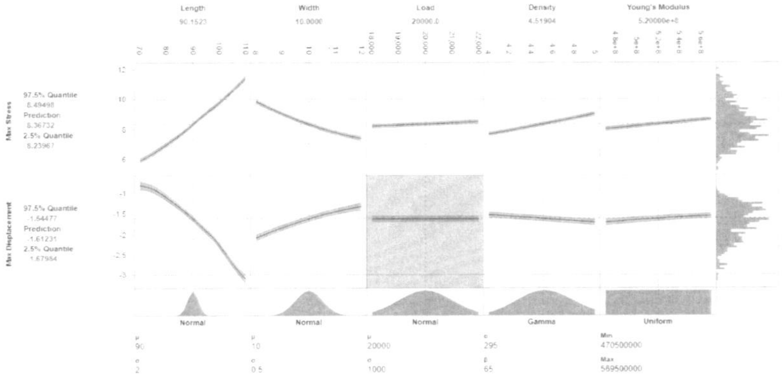

図 9.24 Multiview 機能

SmartUQ が提供するこれらの機能は，非常に強力で便利な機能です。これらの機能を実現するための数学的背景の正しい理解と目的意識 (What to do) がないと，ブラックボックス化した手段 (How to do) の結果に一喜一憂することになるかもしれません。

読者各位のモノ作りプロセスのライフサイクルの効率化や健全化を目的として，SmartUQ がどのように活用できるかを一考する際に本書が少しでも役立つことができれば幸いです。

付録 A

ベクトルと行列に関する公式

ベクトル・行列に関する多くの公式が参考文献 [19] に紹介されています。そのうち，ガウス過程に関連する重要な公式を紹介します。

A.1　行列の積，転置，トレース

定義

（定義 A.1）　行列の積

$(m \times l)$ 行列 A と $(l \times n)$ 行列 B の積 C の (i, j) 成分は

$$c_{ij} \equiv \sum_{k=1}^{l} a_{ik} b_{kj} = \sum_{k} a_{ik} b_{kj} \tag{A.1}$$

で定義されます。

（定義 A.2）　行列の転置

$\mathrm{A} = (a_{ij})$ のとき，転置行列 A^{T} は

$$\mathrm{A}^{\mathsf{T}} \equiv (a_{ji}) \tag{A.2}$$

で定義されます。

（定義 A.3）　正方行列のトレース

正方行列 A のトレース Tr(A) は

$$\mathrm{Tr}(\mathrm{A}) \equiv \sum_{i} a_{ii} \tag{A.3}$$

で定義されます。

公式

（公式 A.1）　行列積の転置

$$(\mathrm{AB})^{\mathsf{T}} = \mathrm{B}^{\mathsf{T}} \mathrm{A}^{\mathsf{T}} \tag{A.4}$$

［証明］　$(\mathrm{AB})^{\mathsf{T}}$ の (i, j) 成分は

$$(\mathrm{AB})^{\top}{}_{ij} = \sum_k a_{jk} b_{ki} = \sum_k (\mathrm{B}^{\top})_{ik} (\mathrm{A}^{\top})_{kj} = \mathrm{B}^{\top}\mathrm{A}^{\top}$$ ■

（公式 A.2） 行列積のトレース

2 つの行列 A と B が同一サイズとすると，$\mathrm{A}^{\top}\mathrm{B}$ と $\mathrm{AB}^{\top}$ は共に正方行列となるので（同一サイズとは限らない），トレースを求めることができます。

$$\mathrm{Tr}(\mathrm{A}^{\top}\mathrm{B}) = \mathrm{Tr}(\mathrm{AB}^{\top}) = \sum_i \sum_j a_{ij} b_{ij} \tag{A.5}$$

［証明］ $\mathrm{A}^{\top}\mathrm{B}$ の i 番目の対角成分は

$$(\mathrm{A}^{\top}\mathrm{B})_{ii} = \sum_j a_{ji} b_{ji}$$

であり

$$\mathrm{Tr}(\mathrm{A}^{\top}\mathrm{B}) = \sum_i (\mathrm{A}^{\top}\mathrm{B})_{ii} = \sum_i \sum_j a_{ji} b_{ji} = \sum_i \sum_j a_{ij} b_{ij}$$

となります。同様に

$$\mathrm{Tr}(\mathrm{AB}^{\top}) = \sum_j (\mathrm{AB}^{\top})_{jj} = \sum_j \sum_i a_{ji} b_{ji} = \sum_i \sum_j a_{ij} b_{ij}$$ ■

A.2　逆行列

定義

（定義 A.4） 逆行列

n 次正方行列 A について

$$\mathrm{AB} = \mathrm{BA} = \mathrm{I}_n \tag{A.6}$$

となる n 次正方行列 B が存在するとき，B を A の逆行列といい，A^{-1} で表します。

公式

$ABB^{-1}A^{-1} = I$ であるので，左から $(AB)^{-1}$ を掛けると

$$(AB)^{-1} = B^{-1}A^{-1}$$

となります。また，$(AA^{-1})^{\mathsf{T}} = (A^{-1})^{\mathsf{T}}A^{\mathsf{T}} = I$ であるので，右から $(A^{\mathsf{T}})^{-1}$ を掛けると

$$(A^{-1})^{\mathsf{T}} = (A^{\mathsf{T}})^{-1}$$

となり，以下の公式が成立します。

（公式 A.3）正方行列の積の逆行列

正方行列 A と B について

$$(AB)^{-1} = B^{-1}A^{-1} \tag{A.7}$$

（公式 A.4）逆行列の転置行列

正方行列 A について

$$(A^{-1})^{\mathsf{T}} = (A^{\mathsf{T}})^{-1} \tag{A.8}$$

A.3　微分

定義

（定義 A.5）行列のスカラーによる微分

行列 A がスカラー x の関数であるとき，A を x で微分して得られる行列の (i, j) 成分は

$$\left(\frac{\partial A}{\partial x}\right)_{ij} \equiv \frac{\partial a_{ij}}{\partial x} \tag{A.9}$$

（定義 A.6） ベクトルによる微分

ベクトル $\mathbf{x} = (x_1, \ldots, x_D)^\mathsf{T}$ による微分は

$$\frac{\partial}{\partial \mathbf{x}} \equiv \left(\frac{\partial}{\partial x_1}, \ldots, \frac{\partial}{\partial x_D} \right)^\mathsf{T} \tag{A.10}$$

公式

（公式 A.5） 行列積のスカラーによる微分

$$\frac{\partial}{\partial x}(\mathrm{AB}) = \mathrm{A}\frac{\partial \mathrm{B}}{\partial x} + \frac{\partial \mathrm{A}}{\partial x}\mathrm{B} \tag{A.11}$$

［証明］ 式 (A.1) の両辺をスカラー x で微分すると，

$$\frac{\partial c_{ij}}{\partial x} = \sum_k a_{ik}\frac{\partial b_{kj}}{\partial x} + \sum_k \frac{\partial a_{ik}}{\partial x} b_{kj}$$ ■

（公式 A.6） 逆行列の微分

正方行列 A がスカラー x の関数であるとき

$$\frac{\partial}{\partial x}\mathrm{A}^{-1} = -\mathrm{A}^{-1}\frac{\partial \mathrm{A}}{\partial x}\mathrm{A}^{-1} \tag{A.12}$$

［証明］ 正方行列 A について $\mathrm{A}^{-1}\mathrm{A} = \mathrm{I}$ が成立するので，公式 A.5 を適用すると

$$\frac{\partial \mathrm{A}^{-1}}{\partial x}\mathrm{A} + \mathrm{A}^{-1}\frac{\partial \mathrm{A}}{\partial x} = \mathbf{0}$$

となり，A^{-1} を右から掛けると式 (A.12) が得られます。 ■

（公式 A.7） ベクトルの線形結合の微分

$$\frac{\partial}{\partial \mathbf{x}}\mathbf{x}^\mathsf{T}\mathbf{y} = \mathbf{y} \tag{A.13}$$

［証明］　$\mathbf{y} = (y_1, \ldots, y_D)^\mathsf{T}$ とすると

$$\mathbf{x}^\mathsf{T}\mathbf{y} = x_1y_1 + \cdots + x_Dy_D$$
$$\frac{\partial}{\partial x_i}\mathbf{x}^\mathsf{T}\mathbf{y} = y_i$$

であり，定義 A.6 から自明です。 ■

（公式 A.8）　ベクトルの 2 次形式の微分

A が正方行列であるとき

$$\frac{\partial}{\partial \mathbf{x}}\mathbf{x}^\mathsf{T}\mathrm{A}\mathbf{x} = (\mathrm{A} + \mathrm{A}^\mathsf{T})\mathbf{x} \tag{A.14}$$

［証明］　A を $D \times D$ 行列とし，(i, j) 成分を a_{ij}，また i 番目の行ベクトルを $\mathrm{A}(i, :)$ で表すと

$$\mathbf{x}^\mathsf{T}\mathrm{A}\mathbf{x} = \mathbf{x}^\mathsf{T}\left(\sum_{j=1}^{D} a_{1j}x_j, \ldots, \sum_{j=1}^{D} a_{Dj}x_j\right)^\mathsf{T} = \sum_{i=1}^{D}\sum_{j=1}^{D} a_{ij}x_ix_j$$

$$\begin{aligned}\frac{\partial}{\partial x_i}\mathbf{x}^\mathsf{T}\mathrm{A}\mathbf{x} &= \sum_{j=1}^{D} a_{ij}x_j + \sum_{j=1}^{D} a_{ji}x_j = \mathrm{A}(i, :)\mathbf{x} + \mathrm{A}^\mathsf{T}(i, :)\mathbf{x} \\ &= \left(\mathrm{A}(i, :) + \mathrm{A}^\mathsf{T}(i, :)\right)\mathbf{x}\end{aligned}$$

となり，この結果を列方向に並べればベクトルの 2 次形式の微分の公式が得られます。 ■

A.4 行列式

定義

（定義 A.7） 行列式

n 次正方行列 A の行列式 $|\mathrm{A}|$ は

$$|\mathrm{A}| \equiv \sum_{\sigma \in S_n} \mathrm{sgn}(\sigma) \prod_{i=1}^{n} a_{i\sigma(i)} \tag{A.15}$$

で定義されます。ここで，S_n は集合 $\{1, \ldots, n\}$ の要素を並べ替えて得られる n 次の**置換**の集合であり，$n!$ 個の置換を含みます。$\mathrm{sgn}(\sigma)$ は，置換 σ の符号で $+1$ または -1 です。

3 次の置換の具体例

集合 $\{1, 2, 3\}$ の置換 $(\sigma(1), \sigma(2), \sigma(3))$ は $6(= 3!)$ 個あり，$S_3 = \{(1, 2, 3),\ (2, 3, 1),\ (3, 1, 2),\ (1, 3, 2),\ (2, 1, 3),\ (3, 2, 1)\}$ です。ここで，置換の i 番目の要素と j 番目の要素を入れ替える操作（これを**互換**といいます）を σ_{ij} と表すと，以下の関係が成立します（一通りの表現となるわけではありません）。

$$(1, 2, 3) = \sigma_{12}(\sigma_{12}(1, 2, 3))$$
$$(2, 3, 1) = \sigma_{23}(\sigma_{12}(1, 2, 3))$$
$$(3, 1, 2) = \sigma_{12}(\sigma_{23}(1, 2, 3))$$
$$(1, 3, 2) = \sigma_{23}(1, 2, 3)$$
$$(2, 1, 3) = \sigma_{12}(1, 2, 3)$$
$$(3, 2, 1) = \sigma_{13}(1, 2, 3)$$

置換が偶数個の互換で表されるとき，置換の符号を $+1$，奇数個の互換で表されるとき，置換の符号を -1 と定義します。この結果から (3×3) 行列 A の行列式

$$
\begin{aligned}
|\mathrm{A}| = a_{11}a_{22}a_{33} + a_{12}a_{23}a_{31} + a_{13}a_{21}a_{32} \\
-a_{11}a_{23}a_{32} - a_{12}a_{21}a_{33} - a_{13}a_{22}a_{31}
\end{aligned}
$$

が得られます。

（定義 A.8）　余因子と余因子行列

正方行列 A の i 行と j 列を取り除いた行列を $\mathrm{A}_{\{i\}\{j\}}$ とするとき，**余因子**

$$\tilde{a}_{ij} \equiv (-1)^{i+j}|\mathrm{A}_{\{i\}\{j\}}| \tag{A.16}$$

が定義されます。 また，余因子から構成される行列

$$\tilde{\mathrm{A}} \equiv (\tilde{a}_{ji}) = (\tilde{a}_{ij})^{\mathsf{T}} \tag{A.17}$$

を**余因子行列**といいます。

定理と公式

（定理 A.1）　余因子展開

余因子によって行列式は次式のように展開することができます。

$$|\mathrm{A}| = \sum_i a_{ij}\tilde{a}_{ij} = \sum_j a_{ij}\tilde{a}_{ij} \tag{A.18}$$

また $k \neq l$ とすると

$$0 = \sum_i a_{ik}\tilde{a}_{il} = \sum_j a_{kj}\tilde{a}_{lj} \tag{A.19}$$

この定理から，$\mathrm{A}\tilde{\mathrm{A}} = \tilde{\mathrm{A}}\mathrm{A} = |\mathrm{A}|\,\mathrm{I}$ が得られるので，以下の公式が成立します。

（公式 A.9） 逆行列と余因子行列

$|\mathrm{A}| \neq 0$ であれば逆行列は

$$\mathrm{A}^{-1} = \frac{\tilde{\mathrm{A}}}{|\mathrm{A}|} \tag{A.20}$$

（公式 A.10） 行列式の微分

正方行列 A がスカラー x の関数であるとき

$$\frac{\partial}{\partial x}|\mathrm{A}| = |\mathrm{A}|\,\mathrm{Tr}\left(\mathrm{A}^{-1}\frac{\partial \mathrm{A}}{\partial x}\right) \tag{A.21}$$

［証明］ 式 (A.18) から

$$\frac{\partial |\mathrm{A}|}{\partial a_{ij}} = \tilde{a}_{ij}$$

が成立するので

$$\frac{\partial |\mathrm{A}|}{\partial x} = \sum_i \sum_j \frac{\partial |\mathrm{A}|}{\partial a_{ij}} \frac{\partial a_{ij}}{\partial x}$$

となり，式 (A.5) と式 (A.20) を適用すると

$$\frac{\partial |\mathrm{A}|}{\partial x} = \mathrm{Tr}\left(\tilde{\mathrm{A}}\frac{\partial \mathrm{A}}{\partial x}\right) = \mathrm{Tr}\left(|\mathrm{A}|\mathrm{A}^{-1}\frac{\partial \mathrm{A}}{\partial x}\right) = |\mathrm{A}|\,\mathrm{Tr}\left(\mathrm{A}^{-1}\frac{\partial \mathrm{A}}{\partial x}\right)$$ ■

さらに

$$\frac{\partial}{\partial x}\log f(x) = \frac{1}{f(x)}\frac{\partial f(x)}{\partial x}$$

であるので，次の公式が導かれます。

（公式 A.11） 行列式の対数の微分

正方行列 A がスカラー x の関数であるとき

$$\frac{\partial}{\partial x}\log|\mathrm{A}| = \mathrm{Tr}\left(\mathrm{A}^{-1}\frac{\partial \mathrm{A}}{\partial x}\right) \tag{A.22}$$

（公式 A.12）　正方行列の積の行列式

AとBがn次正方行列であるとき，

$$|\mathrm{AB}| = |\mathrm{A}|\cdot|\mathrm{B}| \tag{A.23}$$

が成立します。

［証明］　行列Aを列ベクトルによって

$$\mathrm{A} = (\mathbf{a}_1, \mathbf{a}_2, \ldots, \mathbf{a}_n) = (a_{ij})$$

また，$\mathrm{B} = (b_{ij})$とするとき

$$\mathrm{AB} = \left(\sum_{i_1=1}^{n} \mathbf{a}_{i_1} b_{i_1 1}, \ldots, \sum_{i_n=1}^{n} \mathbf{a}_{i_n} b_{i_n n} \right)$$

となります。したがって，

$$\begin{aligned}
|\mathrm{AB}| &= \sum_{i_1=1}^{n} \cdots \sum_{i_n=1}^{n} b_{i_1 1} \cdots b_{i_n n} \cdot \det(\mathbf{a}_{i_1}, \ldots, \mathbf{a}_{i_n}) && \text{(A.24)}\\
&= \sum_{\sigma \in S_n} b_{\sigma(1)1} \cdots b_{\sigma(n)n} \cdot \det(\mathbf{a}_{\sigma(1)}, \ldots, \mathbf{a}_{\sigma(n)}) && \text{(A.25)}\\
&= \sum_{\sigma \in S_n} b_{\sigma(1)1} \cdots b_{\sigma(n)n} \{(\mathrm{sgn}\ \sigma)\ \det(\mathbf{a}_1, \ldots, \mathbf{a}_n)\} && \text{(A.26)}\\
&= \sum_{\sigma \in S_n} (\mathrm{sgn}\ \sigma)\ b_{\sigma(1)1} \cdots b_{\sigma(n)n} \cdot \det\ \mathrm{A}\\
&= \det\ \mathrm{B}^{\mathsf{T}} \cdot \det\ \mathrm{A} = |\mathrm{A}|\cdot|\mathrm{B}|
\end{aligned}$$

を示すことができます。

ここで，式(A.24)から式(A.25)は同じ列がある行列式は0になること，また式(A.26)は列の置換の性質から導かれます。　■

A.5　固有値，固有ベクトル

定義

（定義 A.9）　固有値と固有ベクトル

n 次正方行列 A とベクトル $\mathbf{u} \neq \mathbf{0}$ について

$$\mathrm{A}\mathbf{u} = \lambda\mathbf{u} \tag{A.27}$$

が成立するとき，λ を A の**固有値**，$\mathbf{u}$ を**固有ベクトル**といいます。

公式

（公式 A.13）　固有方程式

式 (A.27) を変形すると，$(\mathrm{A} - \lambda\mathrm{I})\mathbf{u} = \mathbf{0}$ となります。これから，固有値 λ は以下の**固有方程式**の解であることが示されます。

$$|\mathrm{A} - \lambda\mathrm{I}| = \mathbf{0} \tag{A.28}$$

（性質 A.1）　固有値，固有ベクトルの性質

A を実数を成分とする n 次正方行列とすると

- λ は式 (A.28) は n 次の代数方程式の解であるので，重複を含め n 個の固有値が存在します。
- 固有値は必ずしも実数とは限らず，複素数となることもあり，複素数の場合には，その共役複素数も固有値です。

（性質 A.2）　固有値の和

n 次正方行列 A について

$$\mathrm{Tr}(\mathrm{A}) = \sum_{i=1}^{n} \lambda_i \tag{A.29}$$

［証明］　固有方程式 $|\mathrm{A} - \lambda \mathrm{I}| = \mathbf{0}$ は n 次の多項式であり，その解が $\lambda_1, \ldots, \lambda_n$ であるので

$$|\mathrm{A} - \lambda \mathrm{I}| = (\lambda_1 - \lambda) \cdots (\lambda_n - \lambda) \tag{A.30}$$

が成立します。この式の n 次項と $(n-1)$ 次項に着目すると

$$|\mathrm{A} - \lambda \mathrm{I}| = (-\lambda)^n + \left(\sum_{i=1}^{n} \lambda_i \right) (-\lambda)^{n-1} + \cdots \tag{A.31}$$

となります。一方で，行列式の第 1 行に対する余因子展開から

$$|\mathrm{A} - \lambda \mathrm{I}| = (a_{11} - \lambda)\tilde{a}_{11} + \sum_{j=2}^{n} a_{1j}\tilde{a}_{1j} = (a_{11} - \lambda)\tilde{a}_{11} + \mathcal{O}(\lambda^{n-2})$$

であるので，λ^{n-1} に寄与する項は，$(a_{11} - \lambda)(a_{22} - \lambda) \cdots (a_{nn} - \lambda)$ となり，次式が得られます。

$$|\mathrm{A} - \lambda \mathrm{I}| = (-\lambda)^n + \mathrm{Tr}(\mathrm{A})(-\lambda)^{n-1} + \cdots \tag{A.32}$$

式 (A.31) と式 (A.32) の $(n-1)$ 次項の係数を比較して式 (A.29) が導かれます。 ■

（性質 A.3）　固有値の積

n 次正方行列 A について

$$|\mathrm{A}| = \prod_{i=1}^{n} \lambda_i \tag{A.33}$$

［証明］　式 (A.30) は任意の λ について成立するので，$\lambda = 0$ を代入して導かれます。 ■

固有値が複素数となる例

2 次元座標系の回転を表す一次変換

$$\mathrm{A} = \begin{pmatrix} \cos\theta & -\sin\theta \\ \sin\theta & \cos\theta \end{pmatrix}$$

を考えると，固有方程式

$$(\cos\theta-\lambda)^2+\sin^2\theta=0$$

から，固有値

$$\lambda=\cos\theta\pm i\sin\theta$$

が得られます。$\lambda_1=\cos\theta+i\sin\theta$ に属する固有ベクトルは

$$\begin{aligned}(\mathrm{A}-\lambda_1\mathrm{I})\begin{pmatrix}u_1\\u_2\end{pmatrix}&=\begin{pmatrix}-i\sin\theta & -\sin\theta\\ \sin\theta & -i\sin\theta\end{pmatrix}\begin{pmatrix}u_1\\u_2\end{pmatrix}\\&=\sin\theta\begin{pmatrix}-i & -1\\ 1 & -i\end{pmatrix}\begin{pmatrix}u_1\\u_2\end{pmatrix}=\begin{pmatrix}0\\0\end{pmatrix}\end{aligned}$$

から

$$u_1-i\,u_2=0$$

となり，複素数 $t_1\neq 0$ をパラメータとする固有ベクトル $\mathbf{u}_1=t_1(i\,,1)^\mathsf{T}$ が得られます。同様にして，$\lambda_2=\cos\theta-i\sin\theta$ に属する固有ベクトルは，$\mathbf{u}_2=t_2(-i\,,1)^\mathsf{T}$ となります。実ベクトル $\mathbf{u}$ と $\mathbf{v}$ の内積は

$$\langle\mathbf{u}\,,\,\mathbf{v}\rangle\equiv\mathbf{u}^\mathsf{T}\mathbf{v}$$

と定義されることを拡張して，複素ベクトルの内積を

$$\langle\mathbf{u}\,,\,\mathbf{v}\rangle\equiv\overline{\mathbf{u}}^\mathsf{T}\mathbf{v}=\mathbf{u}^\dagger\mathbf{v}$$

と定義します[*1)]。この定義によって

$$\langle\mathbf{u}_1\,,\,\mathbf{u}_2\rangle=\overline{\mathbf{u}}_1^\mathsf{T}\mathbf{u}_2=\bar{t}_1t_2(-i\,,1)^\mathsf{T}(-i\,,1)=0$$

となるので，固有ベクトル $\mathbf{u}_1$ と $\mathbf{u}_2$ は直交していることが示されます。

*1)　この定義は，量子力学におけるディラックのブラケット記法との整合性があります。一方，純粋数学分野では $\langle\mathbf{u}\,,\,\mathbf{v}\rangle\equiv\mathbf{u}^\mathsf{T}\overline{\mathbf{v}}$ と定義するのが主流です。

実対称行列の固有値と固有ベクトル

（定義 A.10）　実対称行列

n 次正方行列 A の成分が実数であり，かつ

$$\mathrm{A}^{\mathsf{T}} = \mathrm{A} \tag{A.34}$$

を満たすとき，A は実対称行列です。

（性質 A.4）　実対称行列の固有値と固有ベクトルの性質

A を n 次の実対称行列とすると

- **重複を含め n 個の固有値は必ず実数となります。**
- **異なる固有値に属する固有ベクトルは直交します。**

［証明］　式 (A.27) から $\mathrm{A}\mathbf{u} = \lambda\mathbf{u}$ であるので，両辺の共役転置*2)を行うと $\mathbf{u}^{\dagger}\mathrm{A}^{\dagger} = \overline{\lambda}\mathbf{u}^{\dagger}$ が得られます。前者に左から $\mathbf{u}^{\dagger}$，後者に右から $\mathbf{u}$ を掛けると，$\mathrm{A}^{\dagger} = \mathrm{A}$ であるので

$$\mathbf{u}^{\dagger}\mathrm{A}\mathbf{u} = \lambda\mathbf{u}^{\dagger}\mathbf{u} = \lambda\|\mathbf{u}\|^2 \quad , \quad \mathbf{u}^{\dagger}\mathrm{A}\mathbf{u} = \overline{\lambda}\mathbf{u}^{\dagger}\mathbf{u} = \overline{\lambda}\|\mathbf{u}\|^2$$

が成立します。$\mathbf{u}$ はゼロベクトルではないので $\lambda = \overline{\lambda}$ となり，λ は実数です。そして固有ベクトルの成分も実数となります。

また，固有値 λ_i に属する固有ベクトルを $\mathbf{u}_i$ とすると，$i \neq j$ について

$$\mathrm{A}\mathbf{u}_i = \lambda_i\mathbf{u}_i \quad , \quad \mathrm{A}\mathbf{u}_j = \lambda_j\mathbf{u}_j$$

であるので，前者を転置し右から $\mathbf{u}_j$ を，後者には左から $\mathbf{u}_i^{\mathsf{T}}$ を掛けると

$$\mathbf{u}_i^{\mathsf{T}}\mathrm{A}\mathbf{u}_j = \lambda_i\mathbf{u}_i^{\mathsf{T}}\mathbf{u}_j \quad , \quad \mathbf{u}_i^{\mathsf{T}}\mathrm{A}\mathbf{u}_j = \lambda_j\mathbf{u}_i^{\mathsf{T}}\mathbf{u}_j$$

が成立します。$\lambda_i \neq \lambda_j$ であるので，$\mathbf{u}_i^{\mathsf{T}}\mathbf{u}_j = 0$ となり固有ベクトルは直交します。■

*2)　複素数を成分とする行列やベクトルに対して，成分の共役複素数を転置して得られる行列やベクトル。$\mathrm{A}_{ij}^{\dagger} = (\overline{a}_{ji}) = (\overline{a}_{ij})^{\mathsf{T}}$

固有ベクトル $\mathbf{u}_i$ の α 倍 $(\alpha \neq 0)$ のベクトル $\alpha\mathbf{u}_i$ も固有方程式を満たすので，$\|\mathbf{u}_i\| = 1$ と正規化し，$\mathbf{u}_i^\top \mathbf{u}_j = \delta_{ij}$ とすることができます。ここで，$\mathrm{P} = (\mathbf{u}_1, \ldots, \mathbf{u}_n)$ とすると $\mathrm{PP}^\top = \mathrm{P}^\top\mathrm{P} = \mathrm{I}$ となり，P は**直交行列**であることが示されます。

（性質 A.5） 直交行列の性質

直交行列 P について，以下の関係が成立します。

$$\mathrm{P}^{-1} = \mathrm{P}^\top \tag{A.35}$$

$$|\mathrm{P}| = \pm 1 \tag{A.36}$$

（公式 A.14） 実対称行列の固有値分解

n 次の実対称行列 A の相異なる固有値 λ_i に属する固有ベクトル $\mathbf{u}_i$ から構成される直交行列を P とすると，対角成分を $\mathrm{D}_{ii} = \lambda_i$ とする対角行列に分解できます。

$$\mathrm{P}^\top\mathrm{AP} = \mathrm{D} \tag{A.37}$$

$$\mathrm{A} = \mathrm{PDP}^\top \tag{A.38}$$

［証明］ 固有値の定義から，$\mathrm{AP} = \mathrm{PD}$ であるので左または右から $\mathrm{P}^\top$ を掛けると自明です。 ■

2 次形式の標準形と固有値

n 次の実対称行列 A について，式 (A.37) が成立するとき，$\mathbf{y} = \mathrm{P}^\top\mathbf{x}$ すなわち $\mathbf{x} = \mathrm{P}\mathbf{y}$ と 1 次変換すると，2 次形式 $\mathbf{x}^\top\mathrm{A}\mathbf{x}$ は

$$\mathbf{x}^\top\mathrm{A}\mathbf{x} = (\mathrm{P}\mathbf{y})^\top\mathrm{A}(\mathrm{P}\mathbf{y}) = \mathbf{y}^\top\mathrm{P}^\top\mathrm{AP}\mathbf{y} = \mathbf{y}^\top\mathrm{D}\mathbf{y}$$

と変換されるので，右辺の 2 次形式の標準形

$$\sum_{i=1}^{n}\sum_{j=1}^{n} a_{ij}x_ix_j = \sum_{i=1}^{n} \lambda_i y_i^2$$

が得られます。

重複する固有値

簡単な例として

$$\mathrm{A} = \begin{pmatrix} 2 & 1 & 1 \\ 1 & 2 & 1 \\ 1 & 1 & 2 \end{pmatrix}$$

とすると，固有方程式は

$$(2-\lambda)^3 + 2 - 3(2-\lambda) = (1-\lambda)^2(4-\lambda) = 0$$

となり，固有値 $\lambda_1 = 1$，$\lambda_2 = 1$，$\lambda_3 = 4$ が得られます。$\lambda_3 = 4$ に属する固有ベクトルは，連立方程式

$$(\mathrm{A} - \lambda_3 \mathrm{I})\mathbf{u} = \begin{pmatrix} -2 & 1 & 1 \\ 1 & -2 & 1 \\ 1 & 1 & -2 \end{pmatrix} \begin{pmatrix} u_1 \\ u_2 \\ u_3 \end{pmatrix} = \begin{pmatrix} 0 \\ 0 \\ 0 \end{pmatrix}$$

を解くために，拡大係数行列を行についての基本変形*3)による掃出し（ガウスの消去法）を行うと

$$\left(\begin{array}{ccc|c} -2 & 1 & 1 & 0 \\ 1 & -2 & 1 & 0 \\ 1 & 1 & -2 & 0 \end{array}\right) \sim \left(\begin{array}{ccc|c} 0 & 3 & -3 & 0 \\ 0 & -3 & 3 & 0 \\ 1 & 1 & -2 & 0 \end{array}\right)$$

$$\sim \left(\begin{array}{ccc|c} 1 & 1 & -2 & 0 \\ 0 & 1 & -1 & 0 \\ 0 & 1 & -1 & 0 \end{array}\right) \sim \left(\begin{array}{ccc|c} 1 & 0 & -1 & 0 \\ 0 & 1 & -1 & 0 \\ 0 & 0 & 0 & 0 \end{array}\right)$$

となり，$u_1 - u_3 = 0$，$u_2 - u_3 = 0$ となります。掃出しできなかった u_3 をパラメータ $t_3 \neq 0$ で置き換えると

$$\mathbf{u}_3 = t_3(1,1,1)^{\mathsf{T}}$$

*3)　(1) 行を入れ替える，(2) ある行を定数倍する，(3) ある行を定数倍し他の行に加えるの 3 つの変形。

一方，重複する固有値 λ_1 と λ_2 については

$$(\mathrm{A}-\lambda_1\mathrm{I})\mathbf{u}=\begin{pmatrix}1&1&1\\1&1&1\\1&1&1\end{pmatrix}\begin{pmatrix}u_1\\u_2\\u_3\end{pmatrix}=\begin{pmatrix}0\\0\\0\end{pmatrix}$$

であるので，同様に

$$\left(\begin{array}{ccc|c}1&1&1&0\\1&1&1&0\\1&1&1&0\end{array}\right)\sim\left(\begin{array}{ccc|c}1&1&1&0\\0&0&0&0\\0&0&0&0\end{array}\right)$$

から $u_1+u_2+u_3=0$ となります。掃出しできなかった u_2 と u_3 を 2 つのパラメータ $t_1\neq 0$ と $t_2\neq 0$ で置換すると

$$\mathbf{u}_1=t_1(-1,1,0)^\top \quad , \quad \mathbf{u}_2=t_2(-1,0,1)^\top$$

が得られます。しかし，$\mathbf{u}_1^\top\mathbf{u}_2=t_1t_2\neq 0$ から $\mathbf{u}_1$ と $\mathbf{u}_2$ は直交していないので，シュミットの直交法を用いて $\mathbf{u}_2'$ を求めると

$$\mathbf{u}_2'=\mathbf{u}_2-\frac{\langle\mathbf{u}_1\,,\,\mathbf{u}_2\rangle}{\langle\mathbf{u}_1\,,\,\mathbf{u}_1\rangle}\mathbf{u}_1=\mathbf{u}_2-\frac{1}{2}\mathbf{u}_1=\frac{t_2}{2}\,(-1,-1,2)^\top$$

となります。$\mathbf{u}_1$，$\mathbf{u}_2'$，$\mathbf{u}_3$ をそれぞれ正規化すると

$$\mathrm{P}=\begin{pmatrix}-1/\sqrt{2}&-1/\sqrt{6}&1/\sqrt{3}\\1/\sqrt{2}&-1/\sqrt{6}&1/\sqrt{3}\\0&2/\sqrt{6}&1/\sqrt{3}\end{pmatrix}$$

となり，$\mathrm{P}^\top\mathrm{P}=\mathrm{P}\mathrm{P}^\top=\mathrm{I}$ であることが確認できるので，P は直交行列であることが分かります。この例が示唆するように，実対称行列が重複する固有値をもつ場合であっても，必ず直交行列により固有値分解が可能です。このことから，直交行列 P および $\mathrm{P}^\top$ の列ベクトルは，**正規直交基底**となります。

エルミート行列の固有値と固有ベクトル

これまで，対称行列の成分を実数に限定しましたが，成分を複素数に拡

張した行列について考えます。詳細の証明は省略しますが，実対称行列で成立した重要な性質が保存されます。

（定義 A.11）　共役転置行列

行列 A の成分が複素数であるとき，A の各成分 a_{ij} の複素共役をとり，さらに転置した行列を**共役転置行列**（随伴行列）といい，$\mathrm{A}^\dagger$ と表します。

$$\mathrm{A}^\dagger = \overline{\mathrm{A}}^\mathsf{T} \tag{A.39}$$

（定義 A.12）　エルミート行列

n 次正方行列 H の成分が複素数であり，かつ

$$\mathrm{H}^\dagger = \mathrm{H} \tag{A.40}$$

を満たすとき，H は**エルミート行列**です。

（性質 A.6）　エルミート行列の固有値と固有ベクトルの性質

H を n 次のエルミート行列とすると

- 重複を含め n 個の固有値は必ず実数となります。
- 異なる固有値に属する固有ベクトルは直交します。

（公式 A.15）　エルミート行列の固有値分解

n 次のエルミート行列 H の相異なる固有値 λ_i に属する固有ベクトル $\mathbf{u}_i$ から構成される行列を U とすると，対角成分を $\mathrm{D}_{ii} = \lambda_i$ とする対角行列に分解できます。

$$\mathrm{U}^\dagger \mathrm{H} \mathrm{U} = \mathrm{D} \tag{A.41}$$

$$\mathrm{H} = \mathrm{U} \mathrm{D} \mathrm{U}^\dagger \tag{A.42}$$

このとき，$\mathbf{u}_i^\dagger \mathbf{u}_j = \delta_{ij}$，および $\mathrm{U}\mathrm{U}^\dagger = \mathrm{U}^\dagger \mathrm{U} = \mathrm{I}$ が成立し，U を**ユニタリ行列**といいます。

A.6　実対称行列の定値性

定義と性質

（定義 A.13）　正定値行列

n 次実対称行列 A による n 次元実ベクトル $\mathbf{x} \neq 0$ の 2 次形式が

$$\mathbf{x}^\mathsf{T} \mathrm{A} \mathbf{x} > 0 \tag{A.43}$$

を満たすとき，A は**正定値行列**です。

（定義 A.14）　半正定値行列

n 次実対称行列 A による n 次元実ベクトル $\mathbf{x} \neq 0$ の 2 次形式が

$$\mathbf{x}^\mathsf{T} \mathrm{A} \mathbf{x} \geq 0 \tag{A.44}$$

を満たすとき，A は**半正定値行列**です。

（性質 A.7）　正定値行列・半正定値行列の性質

A を n 次の実対称行列とすると

- A が正定値行列である必要十分条件は，A のすべての固有値が正となることです。
- A が半正定値行列である必要十分条件は，A のすべての固有値が非負となることです。
- A が正定値行列のときは正則であり，逆行列 A^{-1} も正定値行列です。

半正定値行列の例

正規方程式の係数行列

公式 A.1 から任意の行列 A の転置行列 $A^\top$ と A の積は対称行列であり，半正定値行列です。

［証明］　任意の $\mathbf{u} \neq \mathbf{0}$ の 2 次形式は

$$\mathbf{u}^\top (A^\top A)\mathbf{u} = (A\mathbf{u})^\top (A\mathbf{u}) = \langle A\mathbf{u}\,,\, A\mathbf{u}\rangle = \|A\mathbf{u}\|^2 \geq 0 \qquad \blacksquare$$

共分散行列

多変量正規分布を特徴付ける共分散行列

$$\Sigma = \mathbb{E}\left[(\mathbf{x} - \mathbb{E}[\mathbf{x}])(\mathbf{x} - \mathbb{E}[\mathbf{x}])^\top\right] = \mathbb{E}[\mathbf{x}\mathbf{x}^\top] - \mathbb{E}[\mathbf{x}]\mathbb{E}[\mathbf{x}]^\top$$

は半正定値行列です。

［証明］　任意の $\mathbf{u} \neq \mathbf{0}$ の 2 次形式は

$$\begin{aligned}\mathbf{u}^\top \Sigma\,\mathbf{u} &= \mathbf{u}^\top \mathbb{E}\left[(\mathbf{x} - \mathbb{E}[\mathbf{x}])(\mathbf{x} - \mathbb{E}[\mathbf{x}])^\top\right]\mathbf{u} \\ &= \mathbb{E}\left[\mathbf{u}^\top (\mathbf{x} - \mathbb{E}[\mathbf{x}])(\mathbf{x} - \mathbb{E}[\mathbf{x}])^\top \mathbf{u}\right] \\ &= \mathbb{E}\left[\langle \mathbf{u}\,,\, \mathbf{x} - \mathbb{E}[\mathbf{x}]\rangle \langle \mathbf{x} - \mathbb{E}[\mathbf{x}]\,,\, \mathbf{u}\rangle\right] \\ &= \mathbb{E}\left[(\langle \mathbf{u}\,,\, \mathbf{x} - \mathbb{E}[\mathbf{x}]\rangle)^2\right] \geq 0 \qquad \blacksquare\end{aligned}$$

付録B

正規分布と多変量正規分布に関する公式

正規分布は連続型確率変数を表現することができる確率分布の一つです。自然科学分野のみならず社会科学分野における複雑な現象をモデル化する際に広く活用されています。「測定の不確かさ」や「不確かさの定量化」においても不確かさが正規分布に従うことを前提としています。ここでは，なぜ正規分布がこれらの複雑な現象をモデル化するのに適しているのかを紹介します。

B.1　正規分布

（定義 B.1）　正規分布

平均を μ，分散を $\sigma^2 > 0$ とする正規分布は，確率密度関数が

$$p(x) = \frac{1}{\sqrt{2\pi\sigma^2}} \exp\left(-\frac{(x-\mu)^2}{2\sigma^2}\right) \tag{B.1}$$

で与えられる確率分布です。

式 (B.1) の正規分布を $\mathcal{N}(\mu, \sigma^2)$ と表し，確率変数 X が正規分布に従うとき，

$$X \sim \mathcal{N}(\mu, \sigma^2)$$

と表します。また，特に $\mu = 0$ かつ $\sigma^2 = 1$ のとき，式 (B.1) の分布 $\mathcal{N}(0, 1)$ を標準正規分布といいます。

B.1.1　定義域

定義域は，$[-\infty, \infty]$ であり，$\mathcal{N}(\mu, \sigma^2) > 0$ であるので，確率密度関数の要件 $p(x) \geq 0$ を満たしています。また，密度関数が 0 とならないことから，条件付き確率密度の定義に要求される $p(x) > 0$ を無条件に満たしています。

B.1.2　線形性

（公式 B.1）　正規分布の線形性

確率変数 X が正規分布 $\mathcal{N}(\mu, \sigma^2)$ に従うとき，確率変数 $aX + b$ は正規分布

$$\mathcal{N}(a\mu + b, a^2\sigma^2)$$

に従います。

B.1.3　再生性

（公式 B.2）正規分布の再生性

k 個の確率変数 $X_1, \dots X_k$ が互いに独立で正規分布に従うとき，線形結合

$$\sum_{i=1}^{k} a_i X_i$$

もまた正規分布に従います。すなわち $X_i \sim \mathcal{N}(\mu_i, \sigma_i^2)$ とするとき

$$\sum_{i=1}^{k} a_i X_i \sim \mathcal{N}\left(\sum_{i=1}^{k} a_i \mu_i,\ \sum_{i=1}^{k} a_i^2 \sigma_i^2\right) \tag{B.2}$$

が成立します。

公式 B.1 と公式 B.2 は，次節で紹介する多変量正規分布の再生性に関する公式 B.3 から導かれます。

B.2　多変量正規分布

式 (B.1) による正規分布は 1 次元の分布関数ですが，k 個の確率変数ベクトル $\mathbf{X} = (X_1, \dots, X_k)^\mathsf{T}$ の同時分布によって，高次元の分布関数に拡張したのが多変量正規分布です。

（定義 B.2）多変量正規分布

平均を $\boldsymbol{\mu}$，共分散行列を Σ とする k 次元の多変量正規分布は，確率密度関数が

$$p(\mathbf{x}) = \frac{1}{(\sqrt{2\pi})^k \sqrt{|\Sigma|}} \exp\left(-\frac{1}{2}(\mathbf{x}-\boldsymbol{\mu})^\mathsf{T} \Sigma^{-1} (\mathbf{x}-\boldsymbol{\mu})\right) \tag{B.3}$$

で与えられる同時分布です。

ここで k 次元の平均ベクトルと $k \times k$ 共分散行列は

$$\boldsymbol{\mu} = \mathbb{E}[\mathbf{X}] = (\mathbb{E}[X_1], \ldots, \mathbb{E}[X_k])^\mathsf{T} \tag{B.4}$$

$$\Sigma_{ij} = \mathbb{E}[(X_i - \mu_i)(X_j - \mu_j)] = \mathrm{Cov}[X_i, X_j] \quad (1 \leq i, j \leq k) \tag{B.5}$$

で与えられます。

式 (B.3) の多変量正規分布を $\mathcal{N}(\boldsymbol{\mu}, \Sigma)$，あるいは次元を明記して $\mathcal{N}_k(\boldsymbol{\mu}, \Sigma)$ と表し，確率変数ベクトル $\mathbf{X}$ が多変数正規分布に従うとき，

$$\mathbf{X} \sim \mathcal{N}(\boldsymbol{\mu}, \Sigma)$$

と表します。

B.2.1　共分散行列

共分散行列は，式 (B.5) から明らかに対称行列です。さらに，共分散行列は半正定値行列ですが，正定値行列（$\mathrm{rank}(\Sigma) = k$ で非縮退）の場合，すなわち共分散行列が正則行列である場合，式 (B.3) によって確率密度関数が定義されます。

B.2.2　再生性

多変量正規分布に従う確率変数ベクトルの各成分から構成される線形結合もまた多変量正規分布に従います。

（公式 B.3）　多変量正規分布の再生性

$\mathbf{X} \sim \mathcal{N}_n(\boldsymbol{\mu}, \Sigma)$ とし，$n \times n$ 行列 A と $n \times 1$ ベクトル $\mathbf{b}$ によって写像される確率変数ベクトル $\mathbf{Y} = \mathrm{A}\mathbf{X} + \mathbf{b}$ は

$$\mathcal{N}_n(\mathrm{A}\boldsymbol{\mu} + \mathbf{b}, \mathrm{A}\Sigma\mathrm{A}^\mathsf{T})$$

で求められる多変量正規分布に従います。すなわち，

$$\mathbf{Y} \sim \mathcal{N}_n(\mathrm{A}\boldsymbol{\mu} + \mathbf{b}, \mathrm{A}\Sigma\mathrm{A}^\mathsf{T}) \tag{B.6}$$

［証明］　まず，n 次元の確率変数ベクトル $\mathbf{X} = (X_1, X_2, \ldots, X_n)^\mathsf{T}$ が同時分布 $f_X(\mathbf{X})$ に従っているとし，変数変換 $\mathbf{Y} = g(\mathbf{X})$ によって n 次

元の確率変数ベクトル $\mathbf{Y}$ を定義します。さらに，連続微分可能な逆関数 $\mathbf{X} = g^{-1}(\mathbf{Y})$ が存在しているとします。このとき，重積分の変数変換についての公式によって，$\mathbf{Y}$ の確率密度関数 $f_Y(\mathbf{Y})$ は

$$f_Y(\mathbf{Y}) = f_X(g^{-1}(\mathbf{Y}))\,|\mathrm{J}|$$

と求めることができます。ここで $|\mathrm{J}|$ は，次式で定義されるヤコブ行列 J の行列式の絶対値として求められるヤコビアンです。

$$\begin{aligned} \mathrm{J}_{ij} &= \frac{\partial X_i}{\partial Y_j} \\ |\mathrm{J}| &= |\det\ \mathrm{J}| \end{aligned}$$

このとき，$\mathbf{Y} = \mathrm{A}\mathbf{X} + \mathbf{b}$ であるので $\mathbf{X} = \mathrm{A}^{-1}(\mathbf{Y} - \mathbf{b})$ となり，

$$\begin{aligned} X_i &= \sum_{j=1}^{n} (\mathrm{A}^{-1})_{ij}(Y_j - b_j) \\ \frac{\partial X_i}{\partial Y_j} &= (\mathrm{A}^{-1})_{ij} \\ |\mathrm{J}| &= |\mathrm{A}^{-1}| = \frac{1}{|\mathrm{A}|} \end{aligned}$$

が成立します。よって

$$\begin{aligned} f_Y(\mathbf{Y}) &= f_X(\mathrm{A}^{-1}(\mathbf{Y} - \mathbf{b}))\frac{1}{|\mathrm{A}|} \\ &= \frac{1}{(\sqrt{2\pi})^n\sqrt{|\Sigma|} \cdot |\mathrm{A}|} \times \\ &\quad \exp\left(-\frac{1}{2}\left\{\mathrm{A}^{-1}(\mathbf{Y} - \mathbf{b}) - \boldsymbol{\mu}\right\}^{\mathsf{T}}\Sigma^{-1}\left\{\mathrm{A}^{-1}(\mathbf{Y} - \mathbf{b}) - \boldsymbol{\mu}\right\}\right) \\ &= \frac{1}{(\sqrt{2\pi})^n\sqrt{|\mathrm{A}| \cdot |\Sigma| \cdot |\mathrm{A}|}} \times \\ &\quad \exp\left(-\frac{1}{2}\left\{(\mathbf{Y} - \mathbf{b}) - \mathrm{A}\boldsymbol{\mu}\right\}^{\mathsf{T}}(\mathrm{A}^{-1})^{\mathsf{T}}\Sigma^{-1}\mathrm{A}^{-1}\left\{(\mathbf{Y} - \mathbf{b}) - \mathrm{A}\boldsymbol{\mu}\right\}\right) \\ &= \frac{1}{(\sqrt{2\pi})^n\sqrt{|\mathrm{A}\Sigma\mathrm{A}^{\mathsf{T}}|}} \times \\ &\quad \exp\left(-\frac{1}{2}\left\{\mathbf{Y} - (\mathrm{A}\boldsymbol{\mu} + \mathbf{b})\right\}^{\mathsf{T}}\left\{\mathrm{A}\Sigma\mathrm{A}^{\mathsf{T}}\right\}^{-1}\left\{\mathbf{Y} - (\mathrm{A}\boldsymbol{\mu} + \mathbf{b})\right\}\right) \end{aligned}$$

が得られ，$\mathbf{Y}$ は多変量正規分布 $\mathcal{N}(\mathrm{A}\boldsymbol{\mu}+\mathbf{b},\ \mathrm{A}\Sigma\mathrm{A}^{\mathsf{T}})$ に従うことが示されました。 ■

式 (B.6) から以下の公式を導出することができます。

公式 B.1 の導出

$n=1$，$\mathrm{A}=a$，$\mathbf{b}=b$，$\boldsymbol{\mu}=\mu$，$\Sigma=\sigma^2$ とすると，公式 B.1 が導かれます。

公式 B.2 の導出

$n=k$，$\mathbf{a}_i=(a_{i1},a_{i2},\ldots,a_{ik})^{\mathsf{T}}$ とし，$\mathrm{A}=(\mathbf{a}_1,\mathbf{a}_2,\ldots,\mathbf{a}_k)^{\mathsf{T}}$，$\mathbf{b}=\mathbf{0}$，$\boldsymbol{\mu}=(\mu_1,\mu_2,\ldots,\mu_k)^{\mathsf{T}}$，$\Sigma=\mathrm{diag}(\sigma_1^2,\sigma_2^2,\ldots,\sigma_{\mathrm{k}}^2)$ とすると，$\mathbf{Y}$ の任意の成分 $Y_i=\sum_j a_{ij}X_j$ は，平均 $\sum_j a_{ij}\mu_j$，分散 $\sum_j a_{ij}^2\sigma_j^2$ の多変量正規分布に従うことが示されます。

ただし，Σ の共分散成分を 0 としたので，確率変数ベクトル $\mathbf{X}$ の成分は互いに独立であることが求められます。

周辺分布に関する公式の導出

$$\boldsymbol{\mu}=\begin{pmatrix}\boldsymbol{\mu}_n\\ \hdashline \boldsymbol{\mu}_m\end{pmatrix}$$

$$\mathrm{A}=\left(\begin{array}{c:c}\mathrm{I}_n & \mathbf{0}_{n,m}\\ \hdashline \mathbf{0}_{m,n} & \mathbf{0}_{m,m}\end{array}\right)$$

$$\Sigma=\left(\begin{array}{c:c}\Sigma_{n,n} & \Sigma_{n,m}\\ \hdashline \Sigma_{m,n} & \Sigma_{m,m}\end{array}\right)$$

$$\mathbf{Y}=\begin{pmatrix}\mathbf{Y}_n\\ \hdashline \mathbf{Y}_m\end{pmatrix}$$

とすると

$$\mathbf{Y}_n\sim\mathcal{N}_n(\boldsymbol{\mu}_n,\ \Sigma_{n,n})$$

が得られ，m 個の確率変数を積分消去した周辺分布に関する次の公式が得られます。

B.2.3 周辺分布

（公式 B.4） 多変量正規分布の周辺分布

$\mathbf{x}_1$ と $\mathbf{x}_2$ の同時分布が多変量正規分布

$$\begin{pmatrix} \mathbf{x}_1 \\ \hdashline \mathbf{x}_2 \end{pmatrix} \sim \mathcal{N}\left(\begin{pmatrix} \boldsymbol{\mu}_1 \\ \hdashline \boldsymbol{\mu}_2 \end{pmatrix}, \left(\begin{array}{c:c} \Sigma_{11} & \Sigma_{12} \\ \hdashline \Sigma_{21} & \Sigma_{22} \end{array}\right)\right)$$

に従うとき，$\mathbf{x}_1$ の周辺分布は

$$p(\mathbf{x}_1) = \int p(\mathbf{x}_1, \mathbf{x}_2)\, d\mathbf{x}_2 = \mathcal{N}(\mathbf{x}_1 \,|\, \boldsymbol{\mu}_1, \Sigma_{11}) \tag{B.7}$$

で与えられます。

B.2.4 条件付き分布

（公式 B.5） 多変量正規分布の条件付き分布 1

$\mathbf{x}_1$ と $\mathbf{x}_2$ の同時分布が多変量正規分布

$$\begin{pmatrix} \mathbf{x}_1 \\ \hdashline \mathbf{x}_2 \end{pmatrix} \sim \mathcal{N}\left(\begin{pmatrix} \boldsymbol{\mu}_1 \\ \hdashline \boldsymbol{\mu}_2 \end{pmatrix}, \left(\begin{array}{c:c} \Sigma_{11} & \Sigma_{12} \\ \hdashline \Sigma_{21} & \Sigma_{22} \end{array}\right)\right)$$

に従うとき，$\mathbf{x}_1$ が与えられたときの条件付き分布 $p(\mathbf{x}_2 \,|\, \mathbf{x}_1)$ は

$$p(\mathbf{x}_2 \,|\, \mathbf{x}_1) = \mathcal{N}(\mathbf{x}_2 \,|\, \boldsymbol{\mu}_2 + \Sigma_{21}\Sigma_{11}^{-1}(\mathbf{x}_1 - \boldsymbol{\mu}_1), \Sigma_{22} - \Sigma_{21}\Sigma_{11}^{-1}\Sigma_{12}) \tag{B.8}$$

で与えられます。

［証明］ $\mathbf{x} = \begin{pmatrix} \mathbf{x}_1 \\ \hdashline \mathbf{x}_2 \end{pmatrix}$，$\boldsymbol{\mu} = \begin{pmatrix} \boldsymbol{\mu}_1 \\ \hdashline \boldsymbol{\mu}_2 \end{pmatrix}$，$\Lambda = \Sigma^{-1} = \left(\begin{array}{c:c} \Lambda_{11} & \Lambda_{12} \\ \hdashline \Lambda_{21} & \Lambda_{22} \end{array}\right)$ とします。確率の乗法定理 $p(\mathbf{x}_2 \,|\, \mathbf{x}_1) = p(\mathbf{x}_1, \mathbf{x}_2)\, p(\mathbf{x}_1)$ から，$p(\mathbf{x}_1)$ を固定すると，$p(\mathbf{x}_2 \,|\, \mathbf{x}_1) \propto p(\mathbf{x}_1, \mathbf{x}_2)$ となり，同時分布を求めた後に正規化係数を求めることとします。

多変量正規分布に従う同時分布の指数項は，

$$-\frac{1}{2}(\mathbf{x} - \boldsymbol{\mu})^{\mathsf{T}}\Sigma^{-1}(\mathbf{x} - \boldsymbol{\mu}) =$$

$$
\begin{aligned}
&-\frac{1}{2}(\mathbf{x}_1-\boldsymbol{\mu}_1)^\top\Lambda_{11}(\mathbf{x}_1-\boldsymbol{\mu}_1)-\frac{1}{2}(\mathbf{x}_1-\boldsymbol{\mu}_1)^\top\Lambda_{12}(\mathbf{x}_2-\boldsymbol{\mu}_2)\\
&-\frac{1}{2}(\mathbf{x}_2-\boldsymbol{\mu}_2)^\top\Lambda_{21}(\mathbf{x}_1-\boldsymbol{\mu}_1)-\frac{1}{2}(\mathbf{x}_2-\boldsymbol{\mu}_2)^\top\Lambda_{22}(\mathbf{x}_2-\boldsymbol{\mu}_2)\\
&=-\frac{1}{2}\mathbf{x}^\top\Sigma^{-1}\mathbf{x}+\mathbf{x}^\top\Sigma^{-1}\boldsymbol{\mu}+const. \qquad \text{(B.9)}
\end{aligned}
$$

となります。上式において，$\mathbf{x}_1$ を定数と見なし，$\mathbf{x}_2$ の依存性を考えます。最初に，$\mathbf{x}_2$ についての 2 次の項を抽出すると，

$$
-\frac{1}{2}\mathbf{x}_2^\top\Lambda_{22}\,\mathbf{x}_2
$$

が得られ，$p(\mathbf{x}_2\,|\,\mathbf{x}_1)$ の分散が

$$
\Sigma_{2|1}=\Lambda_{22}^{-1} \qquad \text{(B.10)}
$$

となります。次に，$\mathbf{x}_2$ について 1 次の項を抽出すると，$\Lambda_{12}^\top=\Lambda_{21}$ であるので

$$
\mathbf{x}_2^\top\{\Lambda_{22}\,\boldsymbol{\mu}_2-\Lambda_{21}(\mathbf{x}_1-\boldsymbol{\mu}_1)\}
$$

となり，式 (B.9) との対応から

$$
\mathbf{x}_2^\top\,\Sigma_{2|1}^{-1}\,\boldsymbol{\mu}_{2|1}
$$

と等しくなります。これらから平均は次式で求めることができます。

$$
\begin{aligned}
\boldsymbol{\mu}_{2|1}&=\Sigma_{2|1}\{\Lambda_{22}\,\boldsymbol{\mu}_2-\Lambda_{21}(\mathbf{x}_1-\boldsymbol{\mu}_1)\}\\
&=\boldsymbol{\mu}_2-\Lambda_{22}^{-1}\Lambda_{21}(\mathbf{x}_1-\boldsymbol{\mu}_1) \qquad \text{(B.11)}
\end{aligned}
$$

ここで，これらの結果は精度行列で表現しているため，共分散行列によって表現することを考えます。

分割行列の逆行列に関する公式

$$
\left(\begin{array}{c|c} \mathrm{A} & \mathrm{B} \\ \hline \mathrm{C} & \mathrm{D} \end{array}\right)^{-1}=\left(\begin{array}{c|c} \mathrm{M} & -\mathrm{MBD}^{-1} \\ \hline -\mathrm{D}^{-1}\mathrm{CM} & \mathrm{D}^{-1}+\mathrm{D}^{-1}\mathrm{CMBD}^{-1} \end{array}\right)
$$

$$
\mathrm{M}=(\mathrm{A}-\mathrm{BD}^{-1}\mathrm{C})^{-1} \qquad \text{(B.12)}
$$

を適用すると

$$
\Lambda_{22}=(\Sigma_{22}-\Sigma_{21}\Sigma_{11}^{-1}\Sigma_{12})^{-1}
$$

$$\Lambda_{21} = -(\Sigma_{22} - \Sigma_{21}\Sigma_{11}^{-1}\Sigma_{12})^{-1}\Sigma_{21}\Sigma_{11}^{-1}$$

が得られます。この結果を式 (B.10) と式 (B.11) に代入すると式 (B.8) を示すことができます。■

この公式は，条件付き分布 $p(\mathbf{x}_2 \mid \mathbf{x}_1)$ の平均は $\mathbf{x}_1$ の線形関数であり，共分散は $\mathbf{x}_1$ とは独立であることを示しています。

そこで，多変量正規分布に従う周辺分布 $p(\mathbf{x})$ と平均が $\mathbf{x}$ の線形関数で，共分散は $\mathbf{x}$ と独立である条件付き分布 $p(\mathbf{y} \mid \mathbf{x})$ が与えられたとき，周辺分布 $p(\mathbf{y})$ と条件付き分布 $p(\mathbf{x} \mid \mathbf{y})$ を求める公式を紹介します。

（公式 B.6）　多変量正規分布の条件付き分布 2

多変量正規分布に従う $\mathbf{x}$ の周辺分布と，$\mathbf{x}$ が与えられたときの $\mathbf{y}$ の条件付き分布が次式で与えられたとき，

$$p(\mathbf{x}) = \mathcal{N}(\mathbf{x} \mid \boldsymbol{\mu},\ \Lambda^{-1})$$
$$p(\mathbf{y} \mid \mathbf{x}) = \mathcal{N}(\mathbf{y} \mid \mathrm{A}\mathbf{x} + \mathbf{b},\ \mathrm{L}^{-1})$$

$\mathbf{y}$ の周辺分布と $\mathbf{x}$ の条件付き分布は

$$p(\mathbf{y}) = \mathcal{N}(\mathbf{y} \mid \mathrm{A}\boldsymbol{\mu} + \mathbf{b},\ \mathrm{L}^{-1} + \mathrm{A}\Lambda^{-1}\mathrm{A}^{\mathsf{T}}) \tag{B.13}$$
$$p(\mathbf{x} \mid \mathbf{y}) = \mathcal{N}(\mathbf{x} \mid \Sigma\{\mathrm{A}^{\mathsf{T}}\mathrm{L}(\mathbf{y} - \mathbf{b}) + \Lambda\boldsymbol{\mu}\},\ \Sigma) \tag{B.14}$$

で求めることができます。ただし，

$$\Sigma = (\Lambda + \mathrm{A}^{\mathsf{T}}\mathrm{L}\mathrm{A})^{-1} \tag{B.15}$$

です。

［証明］　まず，$\mathbf{x}$ が n 次元，$\mathbf{y}$ が m 次元とします。行列 A は $m \times n$ 行列で，Λ と L は精度行列とします。

このとき，$\mathbf{x}$ と $\mathbf{y}$ の同時分布を考えるため，

$$\mathbf{z} = \begin{pmatrix} \mathbf{x} \\ \hdashline \mathbf{y} \end{pmatrix}$$

と定義し，同時分布 $p(\mathbf{z})$ の対数を考えます。

$$\begin{aligned}\log p(\mathbf{z}) &= \log p(\mathbf{x}) + \log p(\mathbf{y}) \\ &= -\frac{1}{2}(\mathbf{x}-\boldsymbol{\mu})^{\mathsf{T}}\Lambda(\mathbf{x}-\boldsymbol{\mu}) \\ &\quad -\frac{1}{2}(\mathbf{y}-\mathrm{A}\mathbf{x}-\mathbf{b})^{\mathsf{T}}\mathrm{L}(\mathbf{y}-\mathrm{A}\mathbf{x}-\mathbf{b}) + const.\end{aligned} \tag{B.16}$$

この式について 2 次の項を抽出すると

$$\begin{aligned}&-\frac{1}{2}\mathbf{x}^{\mathsf{T}}(\Lambda+\mathrm{A}^{\mathsf{T}}\mathrm{L}\mathrm{A})\mathbf{x} - \frac{1}{2}\mathbf{y}^{\mathsf{T}}\mathrm{L}\mathbf{y} + \frac{1}{2}\mathbf{y}^{\mathsf{T}}\mathrm{L}\mathrm{A}\mathbf{x} + \frac{1}{2}\mathbf{x}^{\mathsf{T}}\mathrm{A}^{\mathsf{T}}\mathrm{L}\mathbf{y} \\ &\quad = -\frac{1}{2}\begin{pmatrix}\mathbf{x}\\ \mathbf{y}\end{pmatrix}^{\mathsf{T}}\left(\begin{array}{c:c}\Lambda+\mathrm{A}^{\mathsf{T}}\mathrm{L}\mathrm{A} & -\mathrm{A}^{\mathsf{T}}\mathrm{L} \\ \hdashline -\mathrm{L}\mathrm{A} & \mathrm{L}\end{array}\right)\begin{pmatrix}\mathbf{x}\\ \mathbf{y}\end{pmatrix} = -\frac{1}{2}\mathbf{z}^{\mathsf{T}}\mathrm{R}\mathbf{z}\end{aligned}$$

となるので，$\mathbf{z}$ の多変量正規分布の精度行列 R を求めることができます。

得られた R に式 (B.12) の分割行列の逆行列に関する公式を適用すると

$$\mathrm{Cov}[\mathbf{z}] = \mathrm{R}^{-1} = \left(\begin{array}{c:c}\Lambda^{-1} & \Lambda^{-1}\mathrm{A}^{\mathsf{T}} \\ \hdashline \mathrm{A}\Lambda^{-1} & \mathrm{L}^{-1}+\mathrm{A}\Lambda^{-1}\mathrm{A}^{\mathsf{T}}\end{array}\right)$$

が求められます。同様に式 (B.16) から 1 次の項を抽出すると

$$\mathbf{x}^{\mathsf{T}}\Lambda\boldsymbol{\mu} - \mathbf{x}^{\mathsf{T}}\mathrm{A}^{\mathsf{T}}\mathrm{L}\mathbf{b} + \mathbf{y}^{\mathsf{T}}\mathrm{L}\mathbf{b} = \begin{pmatrix}\mathbf{x}\\ \mathbf{y}\end{pmatrix}^{\mathsf{T}}\begin{pmatrix}\Lambda\boldsymbol{\mu}-\mathrm{A}^{\mathsf{T}}\mathrm{L}\mathbf{b} \\ \mathrm{L}\mathbf{b}\end{pmatrix}$$

が得られます。式 (B.9) の 2 次の項と 1 次の項の関係から，$\mathbf{z}$ の平均は

$$\mathbb{E}[\mathbf{z}] = \mathrm{R}^{-1}\begin{pmatrix}\Lambda\boldsymbol{\mu}-\mathrm{A}^{\mathsf{T}}\mathrm{L}\mathbf{b} \\ \mathrm{L}\mathbf{b}\end{pmatrix} = \begin{pmatrix}\boldsymbol{\mu} \\ \mathrm{A}\boldsymbol{\mu}+\mathbf{b}\end{pmatrix}$$

と求めることができます。

これらの結果と，式 (B.10) と式 (B.11) の関係から条件付き分布 $p(\mathbf{x}\,|\,\mathbf{y})$ の平均と分散は，

$$\begin{aligned}\mathbb{E}[\mathbf{x}\,|\,\mathbf{y}] &= (\Lambda+\mathrm{A}^{\mathsf{T}}\mathrm{L}\mathrm{A})^{-1}\{\mathrm{A}^{\mathsf{T}}\mathrm{L}(\mathbf{y}-\mathbf{b})+\Lambda\boldsymbol{\mu}\} \\ \mathrm{Cov}[\mathbf{x}\,|\,\mathbf{y}] &= (\Lambda+\mathrm{A}^{\mathsf{T}}\mathrm{L}\mathrm{A})^{-1}\end{aligned}$$

となります。 ■

付録 C
非線形計画に関する公式

ハイパーパラメータの学習に利用される非線形計画問題に関わる定義や公式について紹介します。

C.1 ベクトル微分演算子

定義

（定義 C.1） ナブラ演算子

n 次元ユークリッド空間 $\mathbb{R}^n$ において，直交座標系の座標を $(x_1, x_2, \ldots, x_n)$ とするとき，ナブラ演算子は

$$\nabla \equiv \sum_{i=1}^{n} \mathbf{e}^{(i)} \frac{\partial}{\partial x_i} \tag{C.1}$$

で定義されます。ここで，$\mathbf{e}^{(i)}$ は標準基底です。

（定義 C.2） 勾配

勾配は，関数 $f : \mathbf{x} \in \mathbb{R}^n \to [-\infty, \infty]$ のベクトル微分

$$\nabla f(\mathbf{x}) \equiv \sum_{i=1}^{n} \mathbf{e}^{(i)} \frac{\partial f(\mathbf{x})}{\partial x_i} \tag{C.2}$$

で定義され，以下のようにベクトル表記することができます。

$$\nabla f(\mathbf{x}) = \left(\frac{\partial f(\mathbf{x})}{\partial x_1}, \frac{\partial f(\mathbf{x})}{\partial x_2}, \ldots, \frac{\partial f(\mathbf{x})}{\partial x_n} \right)^{\mathsf{T}} \tag{C.3}$$

（定義 C.3） ラプラシアン

ラプラシアンは，ナブラ演算子 ∇ の内積 $\nabla \cdot \nabla$

$$\nabla \cdot \nabla \equiv \sum_{i=1}^{n} \frac{\partial^2}{\partial {x_i}^2} \tag{C.4}$$

で定義される演算子で $\nabla \cdot \nabla = \nabla^2$ や $\nabla \cdot \nabla = \Delta$ と省略表記します。

ラプラシアンは，関数だけでなくベクトルにも作用させることができます。

（定義 C.4）テンソル微分

テンソル微分は，ナブラ演算子 ∇ をベクトル $\mathbf{u}$ に作用して得られる 2 階テンソルで，テンソル積

$$\nabla \otimes \mathbf{u} = \nabla\, \mathbf{u}^{\mathsf{T}} \tag{C.5}$$

によって表記します。

ヘッセ行列

勾配ベクトル $\nabla f(\mathbf{x})$ をテンソル微分して得られる 2 階テンソルを行列表現すると，**ヘッセ行列** $\mathrm{H}(f(\mathbf{x}))$ が得られます。

$$\begin{aligned} \mathrm{H}(f(\mathbf{x})) &= \nabla \otimes (\nabla f(\mathbf{x})) = (\nabla \otimes \nabla) f(\mathbf{x}) \\ \mathrm{H}(f(\mathbf{x}))_{ij} &= \nabla_i \nabla_j f(\mathbf{x}) = \frac{\partial^2}{\partial x_i \partial x_j} f(\mathbf{x}) \end{aligned} \tag{C.6}$$

文脈から明確に判断できる場合には，演算子 $\nabla \otimes \nabla$ を ∇^2 と省略表記することがあり，式 (C.4) のラプラシアンとの違いに注意が必要です

C.2　凸関数と凸集合

定義

（定義 C.5）凸関数

関数 f を n 変数実関数とし，$\forall \mathbf{x}, \mathbf{y} \in \mathbb{R}^n$，$0 \leq \alpha \leq 1$ に対して

$$f(\alpha \mathbf{x} + (1-\alpha)\mathbf{y}) \leq \alpha f(\mathbf{x}) + (1-\alpha) f(\mathbf{y}) \tag{C.7}$$

が成立するとき，f を**凸関数**といいます。

（定義 C.6）凸集合

集合 $\mathbf{S} \subseteq \mathbb{R}^n$ について，$\forall \mathbf{x}, \mathbf{y} \in \mathbf{S}$, $0 \leq \alpha \leq 1$ に対して

$$\alpha \mathbf{x} + (1-\alpha)\mathbf{y} \in \mathbf{S} \tag{C.8}$$

が成立するとき，$\mathbf{S}$ を**凸集合**といいます。

定理

（定理 C.1）1 階微分可能な凸関数

関数 f を n 変数実関数が 1 階微分可能であるとき，f が凸関数であることの必要十分条件は，$\forall \mathbf{x}, \mathbf{y} \in \mathbb{R}^n$ について，**勾配不等式**

$$f(\mathbf{x}) \geq f(\mathbf{y}) + (\nabla f(\mathbf{y}))^\mathsf{T}(\mathbf{x}-\mathbf{y}) \tag{C.9}$$

が成立することです。

［証明］ f が凸関数であるならば，定義式 (C.7) から，$\forall \mathbf{x}, \mathbf{y} \in \mathbb{R}^n$, $\alpha \in (0,1)$ について $\alpha f(\mathbf{x}) + (1-\alpha) f(\mathbf{y}) \geq f(\alpha \mathbf{x} + (1-\alpha)\mathbf{y})$ が成立するので，

$$\begin{aligned} f(\mathbf{x}) - f(\mathbf{y}) &\geq \{f(\mathbf{y} + \alpha(\mathbf{x}-\mathbf{y})) - f(\mathbf{y})\}/\alpha \\ &= \{f(\mathbf{y}) + \alpha \nabla f(\mathbf{y})^\mathsf{T}(\mathbf{x}-\mathbf{y}) + o(\alpha) - f(\mathbf{y})\}/\alpha \\ &= \nabla f(\mathbf{y})^\mathsf{T}(\mathbf{x}-\mathbf{y}) + o(\alpha)/\alpha \end{aligned}$$

となり，$\alpha \to +0$ の極限で，勾配不等式が成立します。

逆に，勾配不等式が成立すると，$\mathbf{y}$ に $\alpha \mathbf{x} + (1-\alpha)\mathbf{y}$ を代入して

$$f(\mathbf{x}) \geq f(\alpha \mathbf{x} + (1-\alpha)\mathbf{y}) + \nabla f(\alpha \mathbf{x} + (1-\alpha)\mathbf{y})^\mathsf{T}(1-\alpha)(\mathbf{x}-\mathbf{y})$$

が得られます。式 (C.9) の $\mathbf{x}$ と $\mathbf{y}$ とを交換し，$\mathbf{x}$ に $\alpha \mathbf{x} + (1-\alpha)\mathbf{y}$ を代入すると

$$f(\mathbf{y}) \geq f(\alpha \mathbf{x} + (1-\alpha)\mathbf{y}) + \nabla f(\alpha \mathbf{x} + (1-\alpha)\mathbf{y})^\mathsf{T}\alpha(\mathbf{y}-\mathbf{x})$$

となります。前者の不等式に $\alpha > 0$，後者の不等式に $1-\alpha_0 > 0$ を掛け

て加えると，凸関数の定義式

$$\alpha f(\mathbf{x}) + (1-\alpha) f(\mathbf{y}) \geq f(\alpha \mathbf{x} + (1-\alpha)\mathbf{y})$$

が得られます。 ■

（定理 C.2）　2 階微分可能な凸関数

関数 $f(\mathbf{x})$ を n 変数実関数が 2 階微分可能であるとき，f が凸関数であることの必要十分条件は，$\forall \mathbf{x} \in \mathbb{R}^n$ について，ヘッセ行列 $\nabla^2 f(\mathbf{x})$ が半正定値行列であることです。

［証明］　f が凸関数であるとすると，$\forall \alpha \neq 0$, $\forall \mathbf{d} \in \mathbb{R}^n$ について f をテーラー展開すると

$$f(\mathbf{x} + \alpha\,\mathbf{d}) = f(\mathbf{x}) + \alpha \nabla f(\mathbf{x})^\top \mathbf{d} + \frac{\alpha^2}{2} \mathbf{d}^\top \nabla^2 f(\mathbf{x})\,\mathbf{d} + o(\alpha^3)$$

が成立します。また，勾配不等式から

$$f(\mathbf{x} + \alpha\,\mathbf{d}) \geq f(\mathbf{x}) + \alpha \nabla f(\mathbf{x})^\top \mathbf{d}$$

が得られ，これらの 2 つの式から

$$\frac{\alpha^2}{2} \mathbf{d}^\top \nabla^2 f(\mathbf{x})\,\mathbf{d} + o(\alpha^3) \geq 0$$

が成立します。両辺を α^2 で割り，$\alpha \to 0$ の極限で

$$\frac{1}{2} \mathbf{d}^\top \nabla^2 f(\mathbf{x})\,\mathbf{d} \geq 0$$

となり，ヘッセ行列 $\nabla^2 f(\mathbf{x})$ が半正定値行列であることが示されます。

逆に，テーラーの定理によると，$\forall \mathbf{x}, \mathbf{y} \in \mathbb{R}^n$ について

$$\begin{aligned} f(\mathbf{y}) = f(\mathbf{x}) &+ \nabla f(\mathbf{x})^\top (\mathbf{y} - \mathbf{x}) \\ &+ \frac{1}{2} (\mathbf{y} - \mathbf{x})^\top \nabla^2 f(\mathbf{x} + \alpha(\mathbf{y} - \mathbf{x}))(\mathbf{y} - \mathbf{x}) \end{aligned}$$

となる $\alpha \in (0, 1)$ が存在します。この式の右辺の 2 項を移項すると

$$f(\mathbf{y}) - f(\mathbf{x}) - \nabla f(\mathbf{x})^\top (\mathbf{y} - \mathbf{x}) = \frac{1}{2} (\mathbf{y} - \mathbf{x})^\top \nabla^2 f(\mathbf{x} + \alpha(\mathbf{y} - \mathbf{x}))(\mathbf{y} - \mathbf{x})$$

が得られ，右辺はヘッセ行列の半正定値から非負であるので，勾配不等式が導かれます。 ■

（定理 C.3） ヘッセ近似行列の正定値性：6.6.5 項の関係 (c)

ヘッセ行列の近似行列 $\mathrm{B}^{(k+1)}$ が $\forall \mathbf{x} \neq \mathbf{0}$ に対して

$$\mathbf{x}^\top \mathrm{B}^{(k+1)} \mathbf{x} > 0 \tag{C.10}$$

が成立します。

［証明］ BTGS 法におけるヘッセ行列の近似行列 $\mathrm{B}^{(k+1)}$ は

$$\mathrm{B}^{(k+1)} = \mathrm{B}^{(k)} + \frac{\mathbf{y}^{(k)}(\mathbf{y}^{(k)})^\top}{(\mathbf{y}^{(k)})^\top \mathbf{s}^{(k)}} - \frac{\mathrm{B}^{(k)}\mathbf{s}^{(k)}(\mathrm{B}^{(k)}\mathbf{s}^{(k)})^\top}{(\mathbf{s}^{(k)})^\top \mathrm{B}^{(k)}\mathbf{s}^{(k)}} \tag{C.11}$$

で与えられます。以降，簡略表記するため右辺の添え字 (k) を省略することにします。

B は正定値対称行列であるので，$\mathrm{B} = \mathrm{P}\mathrm{P}^\top$ を満たす直交行列 P が存在します。

$\mathbf{a} = \mathrm{P}^\top \mathbf{x}$, $\mathbf{b} = \mathrm{P}^\top \mathbf{s}$ と変換すると，式 (C.10) の左辺は

$$\begin{aligned}
\mathbf{x}^\top \mathrm{B}^{(k+1)} \mathbf{x} &= \mathbf{x}^\top \mathrm{B}\,\mathbf{x} - \frac{\mathbf{x}^\top \mathrm{B}\,\mathbf{s}\,(\mathrm{B}\,\mathbf{s})^\top \mathbf{x}}{\mathbf{s}^\top \mathrm{B}\,\mathbf{s}} + \frac{\mathbf{x}^\top \mathbf{y}\,\mathbf{y}^\top \mathbf{x}}{\mathbf{y}^\top \mathbf{s}} \\
&= \frac{\langle \mathbf{a}\,,\mathbf{a}\rangle\langle \mathbf{b}\,,\mathbf{b}\rangle - \langle \mathbf{a}\,,\mathbf{b}\rangle^2}{\langle \mathbf{b}\,,\mathbf{b}\rangle} + \frac{\langle \mathbf{x}^\top \mathbf{y}\,,\mathbf{x}^\top \mathbf{y}\rangle}{\mathbf{y}^\top \mathbf{s}}
\end{aligned} \tag{C.12}$$

となります。この式の第 1 項はコーシー・シュワルツの不等式から常に非負であり，第 2 項も $\beta^{(k)} = (\mathbf{y}^{(k)})^\top \mathbf{s}^{(k)} > 0$ であれば非負となります。このことから，$\mathrm{B}^{(k+1)}$ は半正定値行列となります。

式 (C.12) の第 1 項が 0 となるのは，$\mathbf{a} = \eta\,\mathbf{b}$ を満たす $\eta \neq 0$ が存在する場合です。そのとき，$\mathbf{x} = \eta\,\mathbf{s}$ であるので，第 2 項は

$$\frac{\langle \mathbf{x}^\top \mathbf{y}\,,\mathbf{x}^\top \mathbf{y}\rangle}{\beta} = \frac{\eta^2 \langle \mathbf{s}^\top \mathbf{y}\,,\mathbf{s}^\top \mathbf{y}\rangle}{\beta} = \beta\eta^2$$

となり，$\mathbf{x} \neq \mathbf{0}$ であるので $\eta \neq 0$ から第 2 項は非零となり，式 (C.10) を示すことができます。 ■

あとがき

謝辞

本書の執筆の機会を設けていただいた計測エンジニアリングシステム株式会社 社長の岡田求氏に感謝いたします。また，筆者の知識不足の領域をカバーするため，第 9 章のデータ作成では同社技術部のラヒム イクマル氏，NACA 翼型のシミュレーションでは伊佐エスマトラ氏の協力をいただきました。

また，執筆経験のない筆者を最後まで強力にサポートしていただいた近代科学社の山根加那子氏に感謝いたします。

2024 年 9 月

著者

参考文献

［**図書**］

[1] 持橋大地, 大羽成征, ガウス過程と機械学習, 講談社 (2019)

[2] Rasmussen C.E., and Williams C.K.I., Gaussian Process for Machine Learning, *MIT Press* (2006)

[3] Bishop C.M., Pattern Recognition and Machine Learning, *Springer* (2006)

[4] ビショップ C.M.【著】, 村田昇【監修】, パターン認識と機械学習（上）（下）, 丸善出版 (2012)

[5] 楢原博之, 宮城善一, 品質設計のための確率・統計と実験データの解析, 日科技連出版社 (2017)

[6] 赤穂昭太郎, カーネル多変量解析, 岩波書店 (2008)

[7] 福島雅夫, 新版 数理計画入門, 朝倉書房 (2011)

［**論文**］

[8] Kepner J., Kumar M., Moreira J., Pattnaik P., Serrano M., Tufo H., Enabling Massive Deep Neural Networks with the GraphBLAS, *Proceedings of IEEE HPEC* (2017)

[9] Eça L., Dowding K., and Roache P.J., On the Interpretation and Scope of the V&V 20 Standard for Verification and Validation in Computational Fluid Dynamics and Heat Transfer, *Proceeding of the ASME VVS2020* (2020)

[10] 本間俊充, Global 感度解析 − Sobol' 法, オペレーションズ・リサーチ, Vol.55, No.10(2010)

［**規格**］

[11] Guide for Verification and Validation in Computational Soloid Mechanics: ASME V&V 10-2006

[12] Standard for Verification and Validation in Computational Fluid Dynamics and Heat Transfer: ASME V&V 20-2013

［**言語処理系**］

[13] Rasmussen C.E., Documentation for GPML Matlab Code version 4.2
http:gaussianprocess.org/gpml/code/matlab/doc/

[14] Free Download, ANACONDA
https:www.anaconda.com/

[15] GPy, University of Sheffield
http:sheffieldml.github.io/GPy/

[**Web 記事**]

[16] Mikolov T., Chen K., Corrado G., Dean J., Efficient Estimation of Word Representation in Vector Space
https:arxiv.org/pdf/1301.3781.pdf

[17]『ガウス過程と機械学習』サポートページ, 講談社
http://chasen.org/~daiti-m/gpbook/

[18] Rasmussen C.E., Gaussian Process for Machine Learning
http:gaussianprocess.org/gpml/

[19] Petersen K.B., and Pedersen M.S., The Matrix Cookbook
https://www.math.uwaterloo.ca/~hwolkowi/matrixcookbook.pdf

[20] Word2Vec, TensorFlow
https:projector.tensorflow.org/

[21]「京」が変える車の開発プロセス, R-CCS『計算科学の世界』
https:www.r-ccs.riken.jp/newsletter/201309/interview.html

[22] デジタルツインの仕組み, エヌ・ティ・ティ・コミュニケーションズ
https:www.ntt.com/bizon/glossary/j-t/digital-twin.html

[23] サロゲートモデルの例：管状リアクター, COMSOL
https:www.comsol.jp/release/6.2/surrogate-models

[24] MNIST：手書き数字の画像データセット, ITmedia
https:atmarkit.itmedia.co.jp/ait/articles/2001/22/news012.html

[25] 飛行の航空力学, 運輸安全委員会
https:www.mlit.go.jp/common/001480705.pdf

[26] Summary of Airfoil Data, Natinal Advisory Committee for Aeronautics
https:ntrs.nasa.gov/citations/19930090976

索引

B

BFGS 法 117

D

deap learning 25

G

GPML 127
GPy 131

K

KKT 条件 121
k 分割交差検証 31

M

MCMC 法 103

R

rms 誤差 27

S

sinc 関数 67
SmartUQ 172
　感度解析 182
　校正 194
　混合入力エミュレータ 177
　主効果指標 182
　総感度指標 182
　逐次型 DOE 175
　適応型 DOE 179
　不一致モデル 193
　不確かさの伝搬 183
　分類エミュレータ 177

V

V&V プロセス 163

あ

赤池情報量基準 137
鞍点 111

い

1 個抜き交差検証 32

え

エルミート行列 216

か

カーネル関数 73
　ガウスカーネル 82
　コサインカーネル 136
　指数カーネル 82
　周期カーネル 136
　線形カーネル 82
　多項式カーネル 82
　マターンカーネル 82
カーネル行列 78
カーネルトリック 78
回帰値 23
ガウスカーネル 82
ガウス過程 77
過学習 29
確率過程 69
確率質量関数 39
確率密度関数 42
かたより 37
加法定理 40
カルーシュ・キューン・タッカー条件 .. 121

き

機械学習 22
棄却サンプリング 105
期待値 43
基底関数 59
強化学習 25
教師あり学習 25
教師データ 22
教師なし学習 25
共分散 43
共分散行列 46
共役 114
共役勾配 114
共役勾配法 114
共役転置行列 216
行列式 205
局所的最適解 109
均一カーネル 143

く

偶然誤差 37
区間推定 53
グラム・シュミットの直交化 115
訓練データ 22

け

計画行列 …… 59
系統誤差 …… 37
検証 …… 163
検証データ …… 30

こ

交差検証 …… 29
　k 分割—— …… 31
　1 個抜き—— …… 32
校正 …… 168
勾配 …… 110
勾配不等式 …… 232
互換 …… 205
誤差 …… 37
　偶然—— …… 37
　系統—— …… 37
コサインカーネル …… 136
誤差関数 …… 56
固有値 …… 209
固有ベクトル …… 209
固有方程式 …… 209

さ

最急降下法 …… 113
最小二乗法 …… 23
最大事後確率推定 …… 50
最適解 …… 108
最適化問題 …… 108
最尤推定 …… 49
サロゲートモデル …… 15
サンプリング定理 …… 66

し

次元の呪い …… 68
事後分布 …… 42
指数カーネル …… 82
事前分布 …… 42
実験計画法 …… 150
実行可能解 …… 108
実行可能領域 …… 108
シミュレーション …… 12
重回帰 …… 58
周期カーネル …… 136
周辺確率 …… 41
準ニュートン法 …… 117
条件数 …… 114
条件付き確率 …… 40
条件付き分布 …… 42
乗法定理 …… 40
人工知能 …… 22
深層学習 …… 25
信頼区間 …… 45

す

ステップ幅 …… 113

せ

正規化 …… 148
正規直交基底 …… 215
正規分布 …… 44
正規方程式 …… 49, 60
正則化 …… 51
正定値関数 …… 79
正定値行列 …… 217
正定値性 …… 78
精度行列 …… 61
制約付き問題 …… 109
制約なし問題 …… 109
説明変数 …… 25
線形カーネル …… 82
線形回帰 …… 59
潜在関数 …… 77

た

大域的最適解 …… 109
対数尤度 …… 49
多項式カーネル …… 82
妥当性確認 …… 163
単回帰 …… 58

ち

置換 …… 205
中心極限定理 …… 55
直線探索 …… 113
直交行列 …… 213
直交表 …… 150

て

提案分布 …… 105
停留点 …… 111
点推定 …… 53

と

動径基底関数 …… 67
同時確率 …… 40
同時分布 …… 42
特性長 …… 67
特性長スケール …… 67
特徴空間 …… 59
特徴抽出 …… 34
特徴ベクトル …… 59

独立 43
凸関数 110, 231
凸集合 111, 232

に

ニュートン法 117

は

ハイパーパラメータ 82
ばらつき 37
汎化性能 29
半正定値行列 217

ひ

ヒストグラム 38
標準化 148

ふ

不確かさ 36
分散 43
分布 38

へ

平均二乗平方根誤差 27
ベイズ推定 53
ベイズの定理 41
ヘッセ行列 110, 231
ペナルティ項 51

ほ

母集団 36

ま

マターンカーネル 82
マハラノビス距離 46
マルコフ連鎖 104

も

目的関数 108
目的変数 25
モンテカルロサンプリング 151

ゆ

有効制約 123
尤度 42
ユニタリ行列 217

よ

余因子 206
余因子行列 206
予測分布 53

ら

ラグランジュ乗数 121
ラテン超方格サンプリング 150

り

離散型確率変数 39
リッジ回帰 61
リプリゼンター定理 92

る

累積分布関数 56

著者紹介

豊則 有擴（とよのり ゆうこう）

計測エンジニアリングシステム株式会社 顧問
1972年：京都大学工学部数理工学科 卒業
株式会社横河電機製作所（現：横河電機株式会社）入社
2009年：横河電機株式会社 定年退職
2013年：現職

SmartUQのご紹介

第9章で紹介した不確かさの定量化の統合化ソリューションであるSmartUQの国内代理店は，計測エンジニアリングシステム株式会社です。

詳しい製品情報の最新情報や具体的な応用事例を以下のWebサイトで紹介しています。

URL：https://kesco.co.jp/smartuq/
URL：https://smartuq.com （英文）

【お問い合わせ先】
計測エンジニアリングシステム株式会社
〒101-0047 東京都千代田区内神田1-9-5 SF内神田ビル
Tel: 03-5282-7040
Mail: marketing@kesco.co.jp

※SmartUQはSmartUQ社の登録商標または商標です。

◎本書スタッフ
編集長：石井 沙知
編集：山根 加那子
組版協力：阿瀬 はる美
表紙デザイン：tplot.inc 中沢 岳志
技術開発・システム支援：インプレスNextPublishing

●本書の内容についてのお問い合わせ先
近代科学社Digital　メール窓口
kdd-info@kindaikagaku.co.jp
件名に「『本書名』問い合わせ係」と明記してお送りください。
電話やFAX，郵便でのご質問にはお答えできません。返信までには，しばらくお時間をいただく場合があります。なお，本書の範囲を超えるご質問にはお答えしかねますので，あらかじめご了承ください。

CAE活用のための 不確かさの定量化

ガウス過程回帰と実験計画法を用いた サロゲートモデリング

2024年10月25日　初版発行Ver.1.0

著　者　豊則 有擴
発行人　大塚 浩昭
発　行　近代科学社Digital
販　売　株式会社 近代科学社
〒101-0051
東京都千代田区神田神保町1丁目105番地
https://www.kindaikagaku.co.jp

印刷・製本　京葉流通倉庫株式会社
Printed in Japan

ISBN978-4-7649-0714-0